计算机通信工程系列丛书

非柯湍流中的光纤耦合

翟 超 著

东北大学出版社
·沈 阳·

© 翟 超 2020

图书在版编目（CIP）数据

非柯湍流中的光纤耦合／翟超著. — 沈阳：东北
大学出版社，2020.12
ISBN 978-7-5517-2593-4

Ⅰ.①非… Ⅱ.①翟… Ⅲ.①光纤耦合器 Ⅳ.
①TN929.11

中国版本图书馆 CIP 数据核字（2020）第 250212 号

出 版 者：东北大学出版社
　　　　　地址：沈阳市和平区文化路三号巷 11 号
　　　　　邮编：110819
　　　　　电话：024-83680176（总编室） 83687331（营销部）
　　　　　传真：024-83680176（总编室） 83680180（营销部）
　　　　　网址：http://www.neupress.com
　　　　　E-mail: neuph@neupress.com
印 刷 者：沈阳市第二市政建设工程公司印刷厂
发 行 者：东北大学出版社
幅面尺寸：170 mm×230 mm
印　　张：8.75
字　　数：172 千字
出版时间：2020 年 12 月第 1 版
印刷时间：2020 年 12 月第 1 次印刷
策划编辑：汪子珺
责任编辑：李　佳
责任校对：刘　泉
封面设计：潘正一
责任出版：唐敏志

ISBN 978-7-5517-2593-4　　　　　　　　　定　价：57.00 元

前 言

空间激光通信技术作为下一代通信技术，近年来受到了世界各国的广泛关注，并在该研究领域展开了激烈的竞争。目前，在空间激光通信研究领域处于领先地位的是美国、欧洲和日本，其对该领域的研究均已进入了卫星实验阶段，其他国家也在大力发展空间激光通信技术。

利用成熟的地面光纤通信技术来提高空间激光通信系统性能已成为主流选择之一，光放大器和波分复用技术可以有效地提高空间激光通信系统的探测灵敏度和通信数据率。因此，空间光耦合进单模光纤的耦合效率将直接影响系统能量使用效率，而受卫星平台有效载荷功耗和体积苛刻的条件限制，提高耦合效率也是必须研究的，近些年来已形成了研究热点。

在空间激光通信链路中，由于湍流会造成大气信道折射率的随机起伏，信号光在传输时会产生波前相位畸变且空间相干性下降，使接收端光场与单模光纤模场的匹配程度降低，引入了耦合损耗，导致空间光至单模光纤耦合效率下降。迄今为止，大气湍流对空间激光通信系统性能影响的研究主要考虑的是Kolmogorov 湍流，然而近年来越来越多的理论和实验研究结果已经表明，Non-Kolmogorov 湍流是更接近大气湍流实际情况的理想模型，该模型增加了功率谱幂律 α 这一重要参数。目前，针对基于单模光纤耦合的空间激光通信系统需要研究的问题如下。

① 功率谱幂律 α 的改变将对大气湍流的状态造成影响，使经过大气湍流后的信号光场发生改变，导致单模光纤耦合效率发生变化，进而对空间激光通信系统性能产生影响。因此，需要建立基于 Non-Kolmogorov 湍流的单模光纤平均耦合效率理论模型。

② 针对功率谱幂律 α 的实时动态随机变化情况，需建立基于 Non-Kolmogorov 湍流的光强起伏时间频率谱理论模型。

1

③ 空间激光通信系统采用光纤耦合技术时，系统误码率一般与光纤耦合效率并不满足线性的制约关系，且需对接收到的信号光场进行相位补偿。因此，在分析空间激光通信系统性能时，光纤耦合效率的概率分布至关重要，需建立基于 Non-Kolmogorov 湍流的经过相位补偿后单模光纤耦合效率概率分布理论模型。

本书的主要创新工作是以大气湍流实际情况（Non-Kolmogorov 湍流）为研究对象，针对存在的以上问题，做了如下工作：

① 建立了基于 Non-Kolmogorov 湍流的单模光纤平均耦合效率理论模型，获得了功率谱幂律 α 参数变化与单模光纤平均耦合效率的相互制约关系。

② 建立了基于 Non-Kolmogorov 湍流的光强起伏时间频率谱理论模型，给出了高斯光束光强起伏时间频率谱随发射参数的变化关系，为实验测量功率谱幂律 α 提供了理论依据。

③ 建立了基于 Non-Kolmogorov 湍流的经过相位补偿后单模光纤耦合效率概率分布理论模型，分析了发射参数和功率谱幂律 α 对高斯光束经过相位补偿后单模光纤耦合效率概率分布的影响。

④ 针对所建立理论模型进行实验验证，进行了 11.16 km 城市水平链路空间光至单模光纤耦合实验。

本书的研究工作是关于 Non-Kolmogorov 湍流及其对空间光至单模光纤耦合效率影响的应用基础研究，解决了空间激光通信系统中亟须面对的科学问题，即功率谱幂律 α 对空间光至单模光纤耦合影响的问题。该项研究进一步扩展了空间光至单模光纤耦合理论，为基于光纤耦合的空间激光通信系统设计及参数优化提供了理论依据。

著　者

2020 年 10 月

目　录

第 1 章 绪 论

1.1 课题背景及研究的目的和意义

随着信息技术的不断进步，人们对于数据传输效率的要求越来越高，传统的微波通信受信道容量的限制，难以实现大通信数据率的传输，无法满足人们对高速通信的期望。此外，使用微波通信技术进行数据传输也无法满足特定人群对数据传输安全性的要求。在此背景下，科学家们开始着手有关空间激光通信技术的研究工作，期望利用这一技术来实现高速安全的空间通信。

空间激光通信技术是一种以激光作为信息载体的无线宽带通信技术。与传统的微波通信相比，空间激光通信具有传输数据率高、保密性好、终端体积小、重量轻、功耗低及抗干扰和抗截获能力强等诸多优点[1-2]，因此受到了国际上许多国家和地区的广泛关注[3-15]。目前在空间激光通信研究领域处于领先地位的是美国、欧洲和日本，其对该领域的研究均已经进入了卫星实验阶段，其他国家也在大力发展空间激光通信技术。

2002 年，德国宇航中心(DLR)开始实施 LCTSX 计划，该计划由德国的 TE-SAT 公司承担。为了进行星间及星地激光通信实验，LCTSX 计划共生产了两个空间激光通信终端，并在研制过程中采用了二进制相移键控(BPSK)调制技术。其中一个终端于 2007 年 4 月随美国近场红外试验卫星 NFIRE 发射进入近地轨道，另一个终端则在 2007 年 6 月随德国地球观测卫星 TerraSAR-X 发射进入太阳同步轨道。2008 年 2 月，美国近场红外试验卫星 NFIRE 成功与德国地球观测卫星 TerraSAR-X 实现了国际上首次星间相干激光通信，通信数据率为 5.625 Gb/s，最远通信距离为 4900 km[16-18]。

2005 年，日本研制的激光通信终端 LUCE 随低轨卫星 OICETS 发射进入近地轨道。同年 12 月，LUCE 成功与欧洲航天局（ESA）的高轨卫星 ARTEMIS 实现了星间双向激光通信，实验中激光链路的通信质量良好。此外，日本国家信息通信研究院（NICT）和德国宇航中心（DLR）的光学地面站还在 2006 年 3 月和 6 月分别与 LUCE 进行了星地激光通信，该次实验是世界上首次低轨卫星和地面站间的光通信实验[19-21]。

我国开始着手有关空间激光通信技术的研究工作较晚，但发展十分迅速。目前，国内激光通信技术的研究工作已经进入了卫星实验阶段。2011 年，低轨卫星"海洋二号"搭载的直接探测式空间激光通信终端与地面站成功实现了我国首次星地双向激光通信，该空间激光通信终端是由哈尔滨工业大学自主研制的。在此次实验中，下行链路通信数据率分别为 20，252，504 Mb/s，链路完成捕获过程所需的平均时间小于 5 s。该项试验的成功是我国卫星激光通信技术发展史上的一个具有重要意义的里程碑，标志着在卫星激光通信组网研究领域我国走在了国际发展的前列。

2013 年 9 月，美国国家航空航天局（NASA）在美国弗吉尼亚州瓦勒普斯岛成功发射了月球大气尘埃环境探测器（lunar atmosphere and dust environment explorer，LADEE）飞船，其上搭载了麻省理工学院林肯实验室研制的月地激光通信演示验证（lunar laser communications demonstration，LLCD）终端。在此次实验中，飞船和光学地面站之间利用脉冲位置调制（pulse position modulation，PPM）方式成功进行了月地双向激光通信，其中下行激光通信数据率为 622 Mb/s，上行激光通信数据率为 20 Mb/s[22-32]。

由于光电器件的快速发展，科学家们开始着手有关空间相干激光通信技术的研究工作。2007 年 6 月，随着德国地球观测卫星 TerraSAR-X 发射进入太空的空间激光通信终端就应用了二进制相移键控（BPSK）调制技术，其随后成功与美国近场红外试验卫星 NFIRE 实现了国际上首次星间相干激光通信[16-18]。但需要指出的是，该终端使用的是 1064 nm Nd：YAG 激光器是德国宇航中心为实施 LCTSX 计划而特地开发的，线宽极窄，绝对频率稳定度非常高[33]。考虑到满足这种技术指标的激光器在市面上很难得到，而且在通信过程中需要使用光学锁相环和本振光源，导致空间激光通信终端的接收系统十分复杂，设计和制造难度很大。

基于差分相移键控（DPSK）调制技术的空间激光通信终端在实现高灵敏度

探测和高数据率通信的同时，终端对激光器线宽的要求相对宽松，不使用光学锁相环和本振光源，并且可以利用成熟的地面光纤通信技术来提高空间激光通信系统性能[34]。但由于接收系统中需要采用掺铒光纤放大器（EDFA）前放技术来实现高灵敏度探测，而且在解调过程中需要使用光纤干涉计，所以若想在空间激光通信系统中使用 DPSK 调制技术，需要面对提高信号光至单模光纤的耦合效率这一工程难题。

除了相干探测体制，还可以利用 EDFA 前放和功放技术来提升直接探测式空间激光通信系统的性能，进而实现高灵敏度探测、高速率调制和高功率输出[35]。目前在许多通信系统中已经开始使用该技术来提升系统的通信性能，如 LLCD 项目中就采用了 EDFA 技术[22-32]。但若想将 EDFA 前放和功放技术在直接探测式空间激光通信系统中加以应用，同样需要面对提高信号光至单模光纤的耦合效率这一工程难题。

在空间激光通信链路中，由于湍流会造成大气信道折射率的随机起伏，信号光在传输时会产生波前相位畸变且空间相干性下降，使接收端光场与单模光纤模场的匹配程度降低，引入了耦合损耗，导致空间光至单模光纤耦合效率下降。时至今日，Kolmogorov 湍流模型仍是研究大气湍流对空间光通信系统性能影响时主要考虑的湍流模型。而近几年来，越来越多的学者通过实验发现，在许多链路下[36-45]，大气湍流的特性与 Kolmogorov 湍流模型所描述的有很大不同；除此之外，理论研究结果也发现 Kolmogorov 湍流模型只是一种简化和近似的大气湍流统计模型，大气层中存在其他的湍流模型[46-50]。因此，Beland[47] 提出了更接近大气湍流实际情况的 Non-Kolmogorov 湍流，该模型增加了功率谱幂律 α 这一重要参数。在实际激光通信过程中，功率谱幂律 α 的改变将对大气湍流的状态造成影响，使经过大气湍流后的信号光场发生改变，导致单模光纤耦合效率发生变化，进而对空间激光通信系统性能产生影响。为了对空间激光通信系统进行优化，需要深入研究分析功率谱幂律 α 参数变化对空间光至单模光纤耦合效率均值和概率分布的影响，获得实验测量功率谱幂律 α 的理论方法，进而为基于光纤耦合的空间激光通信系统性能优化设计提供理论依据。因此，针对功率谱幂律 α 对空间光至单模光纤耦合的影响问题研究已迫在眉睫。

1.2　国内外空间激光通信发展概况

空间激光通信技术作为下一代通信技术，近年来受到了世界各国的广泛关注，并在该研究领域展开了激烈的竞争。其涉及非常广泛的研究领域，包括星间激光通信、星地激光通信、地面激光通信及深空中继通信。目前，在空间激光通信研究领域处于领先地位的是美国、欧洲和日本。

1.2.1　美国

美国早在 20 世纪 70 年代就开展了空间激光通信技术的研究。1994 年，美国喷气推进实验室（JPL）成功开发了空间激光通信终端 OCD（optical communications demonstrator），该终端主要用于实现低轨卫星和光学地面站之间的激光通信。1998 年 6—11 月和 2000 年 8—9 月，OCD 与 TMF 光学地面站进行了链路距离为 46.8 km 的地面远距离激光通信实验。在 1998 年的激光通信实验中，OCD 终端的通信数据率为 500 Mb/s，通信波长为 844 nm，而在 2000 年的激光通信实验中，OCD 终端的通信数据率变为 400 Mb/s，通信波长变为852 nm[51-53]。

美国弹道导弹防御组织在 1995 年着手推动了星地激光通信计划 STRV-2 的研制工作，该计划希望在低轨卫星 TSX-5 与光学地面站间实现数据率为吉比特每秒级的星地激光通信。在此次实验中，星上终端采用的是幅度调制的带通调制技术和直接检测的探测方式，并基于两个偏振复用的 600 Mb/s 信道来实现通信数据率为 1.2 Gb/s 的星地高速激光通信。2000 年 6 月，该终端随 TSX-5 卫星在美国范登堡空军基地发射并成功进入近地轨道，但由于 TSX-5 卫星的轨道和姿态都没有达到设计要求，星上终端无法完成对光学地面站发出的信标光的捕获，STRV-2 计划不得不宣告失败[54-55]。

2013 年 9 月，NASA 在美国弗吉尼亚州瓦勒普斯岛成功发射了月球大气尘埃环境探测器（lunar atmosphere and dust environment explorer, LADEE）飞船，其上搭载了麻省理工学院林肯实验室研制的月地激光通信演示验证（lunar laser communications demonstration, LLCD）终端。在此次实验中，飞船和光学地面站之间利用脉冲位置调制（pulse position modulation, PPM）方式成功实现了月地双

向激光通信,其中上行激光通信数据率为 20 Mb/s,下行激光通信数据率为
622 Mb/s[22-32]。图 1-1 给出了美国月球大气尘埃环境探测器飞船 LADEE 及其
激光通信终端的照片。

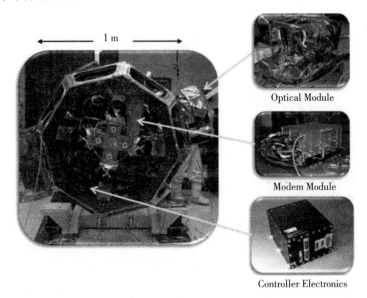

图 1-1 LADEE 飞船及其激光通信终端的照片

2014 年 6 月,美国喷气推进实验室(JPL)成功完成了激光通信科学光学有
效载荷(optical payload for laser communications science, OPALS)试验。在此次试
验中,JPL 利用激光通信设备将一段高清视频从国际空间站(ISS)传回了光学地
面站,用时 3.5 s,通信数据率为 50 Mb/s。

2011 年,作为 LLCD 项目的后续任务,NASA 启动了激光通信中继演示验
证(LCRD)项目,该项目由 JPL 和林肯实验室共同承担。这是 NASA 首次演示
验证近地和深空的长期激光通信任务,工作周期为 2~5 年。2012 年,LCRD 项
目成功完成了概念评审,其激光通信终端将搭载在美国空军实验室(AFRL)的
地球同步轨道卫星 STPSat-6 上[56-57],计划于 2019 年 6 月发射进入太空。

1.2.2 欧洲

20 世纪 70 年代,欧洲航天局(ESA)展开了有关空间激光通信的研究[58]。
1989 年,ESA 开始实施著名的 SILEX 计划[59-60],其旨在太空中建立星间激光

通信链路，欧洲的许多国家都先后参与到了该计划的研究工作中。

在星间激光通信实验开始前，为了研究激光束在大气层中传输的相关问题，ESA 在大西洋上的两个小岛之间进行了水平链路大气激光传输实验，实验选取的激光波长为 830 nm，传输距离为 150 km，链路海拔高度在 2.4 km 以上。此外，ESA 还对 ARTEMIS 卫星预定轨道附近的恒星进行了观测[61]。

为了实现星间及星地光通信，SILEX 计划共生产了两个空间光通信终端，其中一个终端在 1998 年 3 月由低轨卫星 SPOT-4 携带进入太空，另一个终端则在 2001 年 7 月随高轨卫星 ARTEMIS 发射。2001 年 11 月，高轨卫星 ARTEMIS 搭载的空间激光通信终端 OPALE 与低轨卫星 SPOT-4 成功进行了世界上首次星间激光通信[62]。同年 11 月，ESA 在光学地面站 OGS 和 ARTEMIS 搭载的空间激光通信终端 OPALE 之间实现了星地激光通信[63-64]，实验中总共进行了 9 次上行通信和 57 次下行通信。其中，下行链路的调制方式为 BPPM，通信数据率为 2 Mb/s，通信波长为 819 nm，下行链路误码率在 10^{-10} 到 10^{-4} 之间；上行链路的调制方式为 OOK(NRZ)，其采用了多光束发射技术，通信波长为 847 nm，通信数据率为 49.37 Mb/s。

2002 年，德国宇航中心(DLR)开始实施 LCTSX 计划，该计划由德国的 TE-SAT 公司承担。为了进行星间及星地激光通信实验，LCTSX 计划共生产了两个空间激光通信终端，并在研制过程中采用了二进制相移键控(BPSK)调制技术。其中一个终端于 2007 年 4 月随美国近场红外试验卫星 NFIRE 发射进入近地轨道，另一个终端则在 2007 年 6 月随德国地球观测卫星 TerraSAR-X 发射进入太阳同步轨道。2008 年 2 月，美国近场红外试验卫星 NFIRE 成功与德国地球观测卫星 TerraSAR-X 实现了国际上首次星间相干激光通信[16-18]。图 1-2 给出了德国地球观测卫星 TerraSAR-X 及其搭载的空间激光通信终端的照片。

随着 DLR 的 LCTSX 计划取得成功，ESA 开始实施 EDRS 计划(European data relay system)，其主要目的是利用地球同步轨道卫星作为中继，实现低轨卫星和光学地面站间的空间激光通信。目前，EDRS 计划已成功研制了两个空间激光通信终端，其中一个终端于 2013 年随地球同步轨道卫星 Alphasat 发射进入太空，另一个终端则在 2014 年下半年由低轨卫星 Sentinel-1A 搭载进入近地轨道[65-67]。

激光通信终端

图 1-2　TerraSAR-X 及其搭载的空间激光通信终端的照片

1.2.3　日本

20 世纪 70 年代初，日本邮政省的通信研究室（CRL）就开始了空间激光通信技术的研究工作[68-69]。1986 年，CRL 开始实施 ETS-Ⅵ计划[70]。1994 年 8 月，宇宙开发事业团将地球同步轨道卫星 ETS-Ⅵ发射进入太空，同年 12 月地球同步轨道卫星 ETS-Ⅵ搭载的空间光通信终端 LCE 和光学地面站进行了国际上首次星地激光通信[71-72]，实验中最远通信距离达到 40000 km。随后，地球同步轨道卫星 ETS-Ⅵ搭载的激光通信终端 LCE 还和 JPL 的光学地面站建立了星地激光通信链路[73-74]。图 1-3 分别给出了光学地面站和激光通信终端 LCE 的照片。

2003 年 9 月，在 ESA 的 OGS 光学地面站，日本研制的激光通信终端 LUCE 与 ESA 高轨卫星 ARTEMIS 搭载的激光通信终端 OPALE 成功建立了星地激光通信链路[75-76]。考虑到白天背景光的干扰，星地激光通信实验选择在晚上进行。在此次实验中，下行链路闪烁指数为 0.014，最小误码率为 10^{-10}；上行链路闪烁指数为 0.14，最小误码率为 2.5×10^{-5}，这是由于星地上行链路受大气湍流影响严重造成的。图 1-4 给出了激光通信终端 LUCE 的照片。

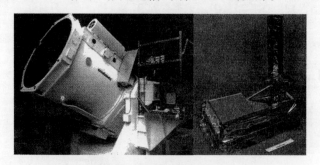

图 1-3   光学地面站和激光通信终端 LCE 的照片

图 1-4   激光通信终端 LUCE 的照片

2005 年，激光通信终端 LUCE 随低轨卫星 OICETS 发射进入近地轨道。同年 12 月，LUCE 成功与 ESA 的高轨卫星 ARTEMIS 实现了星间双向激光通信，实验中激光链路的通信质量良好。此外，日本国家信息通信研究院（NICT）和德国宇航中心（DLR）的光学地面站还在 2006 年 3 月和 6 月分别与 LUCE 进行了星地激光通信[19-21]，该次实验是世界上首次低轨卫星和地面站间的光通信实验。

1.2.4   国内

我国开始着手有关空间激光通信技术的研究工作较晚，但发展十分迅速。目前，国内激光通信技术的研究工作已经进入了卫星实验阶段，主要参与相关研究工作的单位有哈尔滨工业大学[77-108]、电子科技大学[109-110]、中科院上海光机所、武汉大学[111-112]、长春理工大学[113-115]、中科院长春光机所[116]和北京大学[117-118]等。1991 年，哈尔滨工业大学首先在国内开始了卫星激光通信技术的研究工作。2011 年，低轨卫星"海洋二号"搭载的直接探测式空间激光通信终端与地面站成功实现了我国首次星地双向激光通信，该空间激光通信终端是由哈尔滨工业大学自主研制的。在此次实验中，下行链路通信数据率分别为 20，252，504 Mb/s，链路完成捕获过程所需的平均时间小于 5 s。该项实验的成功是我国卫星激光通信技术发展史上的一个具有重要意义的里程碑，标志着在卫星激光通信组网研究领域我国走在了国际发展的前列。

1.3 大气湍流效应及其对单模光纤耦合效率的影响

1.3.1 大气湍流效应的研究现状及分析

所谓大气湍流效应实际上是指大气湍流导致的信道折射率随机起伏对信号光场传播造成的影响，该领域的主要研究方法是求解光场传输方程，主要研究对象是在大气湍流中传播的信号光场。早在 17 世纪，科学家们就展开了大气湍流效应的研究工作，然而系统研究却始于 20 世纪中期。1941 年，在 Richardson 级串模型的基础上，苏联数学家 Kolmogorov 运用量纲分析方法提出了湍流速度场统计理论，即 Kolmogorov 湍流模型，该项研究工作奠定了大气湍流中光场传输研究的理论基础[119-121]。时至今日，人们在大气湍流效应领域已经取得了很多进展，许多研究成果得到了广泛应用[122]。

在过去的几十年中，关于大气湍流影响下光场传播问题的研究工作主要是基于 Kolmogorov 湍流模型进行的。而近几年来，越来越多的学者通过实验发现，在许多链路下，大气湍流的特性与 Kolmogorov 湍流模型所描述的有很大不同[36-45]；除此之外，理论研究结果也发现，Kolmogorov 湍流模型只是一种简化和近似的大气湍流统计模型，大气层中存在其他的湍流模型[46-50]。1993 年，Kyrazis 等人[36]观测了对流层顶部和平流层的光学湍流，观测结果发现，在这一区域大气湍流在许多情况下不遵循 Kolmogorov 湍流模型的统计规律。1996 年，Belen'kii 等人[37]观测了经过平流层大气后的星象抖动，发现平流层的大气特性与 Kolmogorov 湍流模型所描述的有很大不同。1997 年，Belen'kii 等人[41]又在实验中观测到不遵循 Kolmogorov 湍流模型波前倾斜的现象。2003 年，基于激光雷达后向散射光的强度，Zilberman 等人[42]实验研究了对流层顶部和平流层的湍流场，结果发现在这些区域中湍流场的统计规律与 Kolmogorov 湍流模型所描述的有很大不同。2012 年，Gladysz 等人[45]利用 Hartmann-Shack 波前传感器对光束经过地面水平大气后的时间频率谱进行了实验研究，研究结果表明，该区域大气湍流时间频率谱的高频区幂指数与 Kolmogorov 湍流模型统计规律不符。随着大气湍流被动保守量传输理论的发展，人们已经发现虽然 Kolmogorov 湍流模型在理论研究中是重要的，但在大气湍流被动保守量传输理论中，其只是更一般行为的一部分而已；此外，许多关于湍流的理论研究也进一步证实这一结论[46-50]。在此基础上，Beland[47]提出了更广义的大气湍流模型，即 Non-Kolmogorov 湍流模型。

鉴于许多实验结果及相关的理论结果与 Kolmogorov 湍流模型统计规律不符，国际上掀起了研究光场在 Non-Kolmogorov 湍流中传输问题的热潮。1995 年，基于 Non-Kolmogorov 湍流折射率起伏功率谱模型，Beland[47]给出了弱起伏条件下 Non-Kolmogorov 湍流中水平传输平面波和球面波空间相干半径的理论表达式。同年，基于 Mellin 变换，Stribling 等人[123]给出了平面波和球面波经过 Non-Kolmogorov 湍流后波结构函数的理论表达式，并基于平面波和球面波结构函数的理论表达式计算了斯特列尔比。1996 年，Boreman 等人[124]基于 Zernike 多项式给出了 Non-Kolmogorov 湍流波前相位方差的理论表达式。2000 年，Rao 等人[125]给出了传输光场经过 Non-Kolmogorov 湍流后相位起伏时间频率谱的理论表达式，并分析了长曝光情况下和短曝光情况下的调制传递函数和斯特列尔比。2007 年，Toselli 等人[126]提出了一个新的折射率起伏功率谱模型，随后基于几何光学近似方法研究了 Non-Kolmogorov 湍流中传输光场的到达角起伏性质，给出了弱起伏条件下 Non-Kolmogorov 湍流中水平传输球面波和平面波到达角起伏方差的理论表达式。2012 年，Chen 等人[127]基于窄带宽近似推导了强起伏条件下激光脉冲经过 Non-Kolmogorov 湍流后时域展宽的理论表达式。2014 年，基于 Rytov 扰动近似法及 Kolmogorov 湍流折射率结构常数和 Non-Kolmogorov湍流折射率结构常数的等价性公式，Baykal[128]给出了弱起伏条件下高阶激光束经过 Non-Kolmogorov 湍流后光强闪烁因子的理论表达式。

时至今日，科学家们已经在 Non-Kolmogorov 湍流影响下光场传输问题的研究领域取得了许多成果，但仍需正视现实，即 Non-Kolmogorov 湍流光场传输理论仍然很不完善。Non-Kolmogorov 湍流高斯光束相位方差的研究未见报道。尽管 Kotiang 等人[129]研究了 Non-Kolmogorov 湍流高斯光束的空间相干半径，但他们所得的结果只能适用于弱起伏条件。因此，研究在弱起伏和强起伏条件下均适用的空间相干半径成为一个重要的科学问题。此外，Du 等人[77]虽然给出了平面波和球面波经过 Non-Kolmogorov 湍流后光强起伏时间频率谱的解析表达式，但在许多与激光相关的实际应用中，平面波和球面波近似并不足以描述光场的空间传输特性，所以将光强起伏时间频率谱的研究推进到高斯光束是十分必要的。

1.3.2　大气湍流效应对单模光纤耦合效率影响的研究现状及分析

由于湍流会造成大气信道折射率的随机起伏，信号光在传输时会产生波前相位畸变且空间相干性下降，使接收端光场与单模光纤模场的匹配程度降低，引入了耦合损耗，导致空间光至单模光纤耦合效率下降。因此，进行大气湍流对空间光至单模光纤耦合效率影响研究，对基于光纤耦合的空间激光通信系统设计和实际应用具有重要的指导意义。

在过去的几十年中，科学家们已经在大气湍流影响下单模光纤耦合效率的研究领域开展了大量的科研工作。1998 年，Ruilier[130]基于单色光假设对空间光至单模光纤的耦合问题进行了理论研究，给出了空间光至单模光纤耦合效率的解析表达式，并分析了静态相差和大气湍流效应对空间光至单模光纤耦合效率的影响。研究结果表明，倾斜和慧差对单模光纤耦合效率的影响最大，而在大气湍流存在的情况下，空间光至单模光纤的耦合将会变得困难。

2005 年，Dikmelik 等人[131]基于互相干函数给出了弱起伏条件下平面波经过大气湍流后单模光纤耦合效率的理论表达式，并分析了不同散斑数下的单模光纤耦合效率，最后研究了采用相干光纤阵列接收情况下的单模光纤耦合效率。研究结果表明，平面波的单模光纤耦合效率会随着散斑数的增加而单调减小；采用相干光纤阵列接收可以显著提高单模光纤耦合效率。

2006 年，Abtahi 等人[132]实验研究了不同接收结构的激光通信终端在不同湍流强度下的通信性能。研究结果表明，在强湍流的情况下，直接探测式接收终端无法实现数据传输，而基于掺铒光纤放大器（EDFA）前放技术的接收终端仍然具有较好的通信性能。

2010 年，Wu 等人[133]基于广义 Fried 参数数值评估了平面波经过自适应光学补偿后的单模光纤耦合效率，并提出了一种集成自适应光学和相干光纤阵列的大气湍流混合补偿方案。

2011 年，Chen 等人[134]推导出了平面波经过大气湍流后耦合至环形孔径的单模光纤耦合效率解析表达式，随后分析了光纤耦合参数、散斑数和孔径遮挡比对单模光纤耦合效率的影响。研究结果表明，最佳光纤耦合效率和最佳光纤耦合参数均会随着孔径遮挡比的增加而单调减小。

2012 年，Arimoto[135]研制了一个可以实现稳定双向信标跟踪的空间光至单模光纤耦合系统，随后基于该系统进行了大气外场实验，并研究了确保光纤耦合系统稳定运行所需的大气条件。研究结果表明，为了保证光纤耦合系统稳定运行，信号光的闪烁因子应尽量小于 0.1。

时至今日，科学家们虽然已经在大气湍流影响下单模光纤耦合效率的研究领域开展了大量的科研工作，但理论研究和实验结果都是基于 Kolmogorov 湍流模型进行的，并未考虑功率谱幂律 α 的影响。Non-Kolmogorov 湍流是更接近大气湍流实际情况的理想模型，该模型增加了功率谱幂律 α 这一重要参数，当 α 取固定值 11/3 时，该模型变为 Kolmogorov 湍流模型。在实际激光通信过程中，功率谱幂律 α 的改变将对大气湍流的状态造成影响，使经过大气湍流后的信号光场发生改变，进而使单模光纤耦合效率的均值和概率分布发生改变，并最终对空间激光通信系统性能产生影响。因此，功率谱幂律 α 对空间光至单模光纤耦合的影响是一个亟须解决的科学问题。

考虑到 Non-Kolmogorov 湍流模型更接近大气湍流的实际情况，而功率谱幂律 α 的随机变化与大气湍流的状态息息相关，因此，在研究大气湍流对空间激光通信的影响时，必须研究功率谱幂律 α 的随机变化对单模光纤耦合效率均值和概率分布的影响，其对空间激光通信系统的性能分析至关重要。

综上所述，功率谱幂律 α 的随机变化对空间光至单模光纤耦合效率的影响较大，直接影响激光链路系统的性能，目前亟须解决的问题如下。

① 功率谱幂律 α 的改变将对信号光的传输产生影响，导致单模光纤耦合效率下降。Dikmelik 等人[131]虽然建立了基于 Kolmogorov 湍流的单模光纤平均耦合效率理论模型，但该工作没有考虑功率谱幂律 α 的影响，也没有讨论星地

激光通信链路的情况。因此，需要建立基于 Non-Kolmogorov 湍流的水平链路和星地链路功率谱幂律 α 随机变化时单模光纤平均耦合效率的理论模型。

② 光强起伏时间频率谱是实验测量功率谱幂律 α 的关键。Du 等人[77]虽然对基于 Non-Kolmogorov 湍流的光强起伏时间频率谱进行了研究，但他们的工作仅考虑了平面波和球面波的情况。需要指出的是，在实际的激光通信过程中平面波和球面波近似是理想情况，而实际激光在远场传输时，光场分布是高斯分布。因此，建立基于 Non-Kolmogorov 湍流的高斯光束光强起伏时间频率谱理论模型十分重要，具有重要意义，且尚未见报道。

③ 在基于光纤耦合的空间激光通信系统中，系统误码率一般与光纤耦合效率并不满足线性的制约关系，且需对接收到的信号光场进行相位补偿。因此，在分析空间激光通信系统性能时光纤耦合效率的概率分布至关重要。目前的研究工作中，仅给出了基于平面波和 Kolmogorov 湍流的经过相位补偿后光纤耦合效率的概率分布[136]，基于高斯光束和 Non-Kolmogorov 湍流的经过相位补偿后光纤耦合效率概率分布的理论模型尚未见报道。

1.4 本书的主要研究内容

针对以上存在的问题，本书将对 Non-Kolmogorov 湍流影响下空间光至单模光纤耦合效率的均值和概率分布进行理论和实验研究，并建立基于 Non-Kolmogorov 湍流的光强起伏时间频率谱理论模型。本书的主要研究内容如下。

① 分析国内外空间激光通信技术的研究现状，分析大气湍流效应及其对单模光纤耦合效率影响的研究现状，给出基于光纤耦合的空间激光通信系统中需要深入研究的问题。

② 从功率谱幂律 α 出发，建立基于 Non-Kolmogorov 湍流的单模光纤平均耦合效率理论模型，研究给出水平链路和星地链路中功率谱幂律 α 对单模光纤平均耦合效率的影响。

③ 利用薄相位屏法，建立基于 Non-Kolmogorov 湍流的光强起伏时间频率谱理论模型，分析发射参数对高斯光束光强起伏时间频率谱的影响，为实验测量功率谱幂律 α 提供理论依据。

④ 针对功率谱幂律 α 对经过相位补偿后单模光纤耦合效率概率分布的影响问题，建立基于 Non-Kolmogorov 湍流的经过相位补偿后单模光纤耦合效率概率分布的理论模型，研究给出发射参数和功率谱幂律 α 对高斯光束经过相位补偿后单模光纤耦合效率概率分布的影响。

⑤ 搭建并进行长距离城市水平链路空间光至单模光纤耦合实验。测量功率谱幂律 α，对该功率谱幂律 α 下的空间光至单模光纤耦合效率均值和概率分布实验测量结果与前文理论计算结果进行比较分析。

第 2 章　Non-Kolmogorov 湍流对水平链路平均光纤耦合效率影响研究

目前,利用成熟的地面光纤通信技术来提高空间激光通信系统性能已成为主流选择之一,光放大器和波分复用技术可以有效地提高空间激光通信系统的探测灵敏度和通信数据率,而提高信号光至单模光纤的耦合效率成为重要的工程课题。由于大气湍流会造成通信信道折射率的随机起伏,信号光在地面水平传输过程中会产生波前相位畸变且空间相干性下降,使接收端光场与单模光纤模场的匹配程度降低,导致光纤耦合效率下降。在现有的研究工作中,大气湍流对水平链路空间光至单模光纤耦合效率影响研究主要是基于 Kolmogorov 湍流进行的[131]。但是目前许多研究结果已经表明,Non-Kolmogorov 湍流是更接近水平链路大气湍流实际情况的理想模型,该模型增加了功率谱幂律 α 这一重要参数,当 α 取固定值 $11/3$ 时,该模型变为 Kolmogorov 湍流模型。在实际激光通信过程中,功率谱幂律 α 的改变将对大气湍流的状态造成影响,使经过大气湍流后的信号光场发生改变,导致单模光纤耦合效率发生变化,进而对空间激光通信系统性能产生影响。因此,研究功率谱幂律 α 对空间光至单模光纤耦合效率的影响至关重要,是空间激光通信系统性能分析中亟须解决的问题之一。

在空间激光通信链路中,为了得到功率谱幂律 α 的精确测量值,必须获得发射激光束经过 Non-Kolmogorov 湍流后光强起伏时间频率谱的理论模型。在现有的研究工作中,仅给出了平面波和球面波经过 Non-Kolmogorov 湍流后光强起伏时间频率谱的解析表达式[77],但平面波和球面波近似并不足以精确地描述激光光场的空间传输特性,因此,研究 Non-Kolmogorov 湍流对高斯光束光强起伏时间频率谱的影响至关重要。

针对以上问题,本章从功率谱幂律 α 出发,利用有效参数法,建立了在弱起伏和强起伏条件下均适用的 Non-Kolmogorov 湍流下水平链路平均光纤耦合效率理论模型,给出了水平链路中功率谱幂律 α 对系统平均光纤耦合效率的影响。然后，又利用薄相位屏法，给出了弱起伏条件下高斯光束经过 Non-Kolmo-gorov 湍流后光强起伏时间频率谱的解析表达式，为后文在大气外场实验中测量功率谱幂律 α 奠定基础。

2.1　水平链路 Non-Kolmogorov 湍流模型

为了本书后续章节理论推导的需要，本节将阐述现有大气湍流模型的基本理论，并建立考虑等价性的水平链路 Non-Kolmogorov 湍流折射率起伏功率谱模型。

大气实际上是一种具有不同流动状态的黏滞流体，当大气流动速度较低时，流线光滑，大气处于层流状态，随着大气流动速度增加，整个大气做一种不规则的随机运动，流线不再光滑，大气处于湍流状态。大气的流动状态通常由一个无量纲物理量雷诺数来判定，这一物理量是英国物理学家 Reynolds 在 1883 年提出的，其具体形式如下：

$$R_{e} = \frac{UL_{c}}{\mu_{v}} \tag{2-1}$$

式中，U——流体的平均速度，m/s；

　　　L_{c}——流体的特征尺度，m；

　　　μ_{v}——流体的运动黏滞度，m^2/s。

当雷诺数大于某一临界值时，大气即从层流状态转变为湍流状态。1941 年，柯尔莫哥洛夫基于 Richardson 级串模型建立了一种简化和近似的大气湍流统计模型，即 Kolmogorov 湍流模型，并给出了基于该湍流模型的速度结构函数，其具有如下形式[137]：

$$D_{v}(r) = C_{v}^{2} r^{\frac{2}{3}}, \quad l_{0} \leqslant r \leqslant L_{0} \tag{2-2}$$

式中，C_{v}^{2}——Kolmogorov 湍流速度结构常数；

　　　L_{0}——大气湍流外尺度；

　　　l_{0}——大气湍流内尺度。

阿乌霍夫的研究结果表明，与速度结构函数相同，Kolmogorov 湍流的折射率结构函数也与空间变量 r 的 2/3 次幂成正比，即[137]

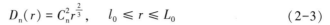

$$D_n(r) = C_n^2 r^{\frac{2}{3}}, \qquad l_0 \leqslant r \leqslant L_0 \tag{2-3}$$

式中，C_n^2——Kolmogorov 湍流折射率结构常数，$\mathrm{m}^{-2/3}$。

根据定义可知，大气湍流折射率起伏功率谱是大气湍流折射率结构函数的 Fourier 变换，则 Kolmogorov 湍流的折射率起伏功率谱可表示为

$$\Phi_n(\kappa) = 0.033 C_n^2 \kappa^{-\frac{11}{3}} \tag{2-4}$$

式中，κ——空间频率，$\kappa = 2\pi / l_t$，l_t 表示湍涡尺度。

近些年来实验表明：在许多链路下，大气湍流的特性与 Kolmogorov 湍流模型所描述的有很大不同[36-45]。因此，Beland[47] 提出了更广义的大气湍流模型，即 Non-Kolmogorov 湍流模型，其速度结构函数可表示为

$$D_v(r) = \widetilde{C}_v^2 r^{\gamma}, \qquad l_0 \leqslant r \leqslant L_0 \tag{2-5}$$

式中，γ ——Non-Kolmogorov 湍流速度结构函数幂律；

$\widetilde{C}_v^2$ ——Non-Kolmogorov 湍流速度结构常数。

考虑到 Non-Kolmogorov 湍流的折射率结构函数也与空间变量 r 的 γ 次幂成正比[138]，依据与 Kolmogorov 湍流相同的思路，相应的 Non-Kolmogorov 湍流折射率起伏功率谱可表示为

$$\Phi_n(\kappa, \alpha) = A(\alpha) \widetilde{C}_n^2 \kappa^{-\alpha}, \qquad 3 < \alpha < 4 \tag{2-6}$$

式中，α 为 Non-Kolmogorov 湍流功率谱幂律；$\widetilde{C}_n^2$ 为 Non-Kolmogorov 湍流折射率结构常数，$\mathrm{m}^{3-\alpha}$；$A(\alpha) = \Gamma(\alpha - 1)\cos(\alpha\pi/2)/(4\pi^2)$，其中，$\Gamma(x)$ 表示伽玛函数。

当 $\alpha = 11/3$ 时，$\widetilde{C}_n^2 = C_n^2$，同时 $A(\alpha) = 0.033$，广义的功率谱(2-6)就退化为传统的 Kolmogorov 湍流功率谱(2-4)。

为了研究湍流内外尺度对 Non-Kolmogorov 湍流效应的影响，可以采用如下的功率谱[126]：

$$\Phi_n(\kappa, \alpha) = A(\alpha) \widetilde{C}_n^2 \frac{\exp\left(-\dfrac{\kappa^2}{\kappa_m^2}\right)}{(\kappa^2 + \kappa_0^2)^{\frac{\alpha}{2}}}, \qquad 3 < \alpha < 4 \tag{2-7}$$

式中，$\kappa_0 = 2\pi / L_0$；$\kappa_m = c(\alpha) / l_0$，其中，$c(\alpha)$ 是功率谱幂律 α 的函数，具有如下

形式：

$$c(\alpha) = \left[\Gamma\left(\frac{5 - \alpha}{2} \right) A(\alpha) \left(\frac{2\pi}{3} \right) \right]^{\frac{1}{\alpha - 5}} \tag{2-8}$$

当 $l_0 = 0$，$L_0 = \infty$ 时，功率谱(2-7)就变为了功率谱(2-6)。此外，当 $\alpha = 11/3$ 时，功率谱(2-7)就退化为 Kolmogorov 湍流的 von Kármán 谱。

需要指出的是，现有的 Non-Kolmogorov 湍流功率谱模型(2-6)和(2-7)由于并未考虑 Non-Kolmogorov 湍流折射率结构常数 $\widetilde{C_n^2}$ 和 Kolmogorov 湍流折射率结构常数 C_n^2 的等价性，其得到的湍流统计量随功率谱幂律 α 的变化关系十分复杂。为使问题简化，本书用 C_n^2 作为表征大气湍流强度的物理量，同时考虑了 $\widetilde{C_n^2}$ 和 C_n^2 之间的等价性，建立了水平链路的 Non-Kolmogorov 湍流折射率起伏功率谱模型：

$$\Phi_n(\kappa, \alpha) = h(\alpha)\kappa^{-\alpha}, \quad 3 < \alpha < 4 \tag{2-9}$$

$$\Phi_n(\kappa, \alpha) = h(\alpha) \frac{\exp\left(-\dfrac{\kappa^2}{\kappa_m^2} \right)}{(\kappa^2 + \kappa_0^2)^{\frac{\alpha}{2}}}, \quad 3 < \alpha < 4 \tag{2-10}$$

式中

$$h(\alpha) = -\frac{\Gamma(\alpha)\left(\dfrac{k}{L} \right)^{\frac{\alpha}{2} - \frac{11}{6}} C_n^2}{8\pi^2 \Gamma(1 - 0.5\alpha)\left[\Gamma(0.5\alpha) \right]^2 \sin(0.25\pi\alpha)} \tag{2-11}$$

式中，L 为链路距离；$k = 2\pi/\lambda$，λ 为波长。

相比于现有的 Non-Kolmogorov 湍流功率谱模型(2-6)和(2-7)，本书建立的考虑等价性的水平链路 Non-Kolmogorov 湍流功率谱模型(2-9)和(2-10)，在研究功率谱幂律 α 对信号光传输影响时更符合 Non-Kolmogorov 湍流中信号光传输的实际情况。

2.2 Non-Kolmogorov 湍流下水平链路的平均光纤耦合效率

平面波、球面波和高斯光束是光波在大气湍流中传播理论主要考虑的光场分布，在许多满足平面波和球面波近似条件的情况下，可以直接使用简洁的平面波和球面波的理论表达式，而高斯光束的理论表达式虽然复杂不易计算，却可以得到最接近激光光场实际传输情况的精确解。在此情况下，利用有效参数法，本书主要针对平面波、球面波和高斯光束的场分布情况，建立了 Non-Kolmogorov 湍流下水平链路平均光纤耦合效率的理论模型。

在水平链路中，空间光至单模光纤的平均耦合效率定义为耦合进单模光纤光功率的均值 $\langle P_c \rangle$ 和系统接收光功率的均值 $\langle P_a \rangle$ 的比值，其具有如下形式[131]：

$$\eta = \frac{\langle P_c \rangle}{\langle P_a \rangle} = \frac{\left\langle \left| \int_A U_i(\boldsymbol{r}) U_m^*(\boldsymbol{r}) \mathrm{d}\boldsymbol{r} \right|^2 \right\rangle}{\left\langle \int_A |U_i(\boldsymbol{r})|^2 \mathrm{d}\boldsymbol{r} \right\rangle} \tag{2-12}$$

式中，$U_i(\boldsymbol{r})$ 为随机起伏的入射光束在入射光瞳面 A 横向坐标矢量 $\boldsymbol{r}$ 处的光场；$U_m^*(\boldsymbol{r})$ 为后向传输到入射光瞳面 A 处归一化单模光纤模场的复共轭；<>表示系综平均。水平激光通信链路中信号光到单模光纤耦合系统结构如图 2-1 所示。

需要指出的是，平均耦合效率的计算可以在入射光瞳面 A 与光纤端面 B 之间的任何一个平面上进行，为了方便计算，选择在入射光瞳面 A 处进行平均耦合效率计算。将式(2-12)中分子表达式进行分解，得出的结果如下：

$$\eta = \frac{1}{\langle P_a \rangle} \iint_A \Gamma_i(\boldsymbol{r}_1, \boldsymbol{r}_2) U_m^*(\boldsymbol{r}_1) U_m(\boldsymbol{r}_2) \mathrm{d}\boldsymbol{r}_1 \mathrm{d}\boldsymbol{r}_2 \tag{2-13}$$

式中，$\Gamma_i(\boldsymbol{r}_1, \boldsymbol{r}_2)$ 为入射光场的互相干函数，其具有如下形式：

$$\Gamma_i(\boldsymbol{r}_1, \boldsymbol{r}_2) = \langle U_i(\boldsymbol{r}_1) U_i^*(\boldsymbol{r}_2) \rangle \tag{2-14}$$

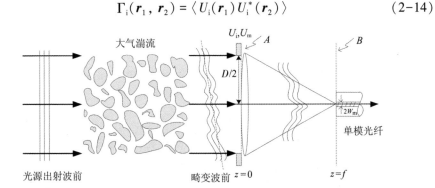

图 2-1　水平激光通信链路中，信号光到单模光纤耦合示意图

由上式可知，获得入射光场的互相干函数是建立大气湍流影响下水平链路平均光纤耦合效率理论模型的关键。目前已建立了基于 Kolmogorov 湍流的互相干函数理论模型[137]，Non-Kolmogorov 湍流互相干函数理论模型还没有人进行研究，而基于 Non-Kolmogorov 湍流的单模光纤耦合效率理论模型也亟须建立，下面本书将围绕以上问题建立理论模型。

另外，在 Kolmogorov 湍流理论模型中，并未考虑功率谱幂律 α 的影响。由于入射光束的空间相干半径会随着功率谱幂律 α 的增加而单调减小，功率谱幂律 α 对入射光场互相干函数将产生影响，且不容无视。

为此，本书建立了 Non-Kolmogorov 湍流互相干函数理论模型，同时考虑了功率谱幂律 α 的影响，建立了大气湍流影响下水平链路单模光纤平均耦合效率表达式，为使问题简化，主要针对平面波、球面波和高斯光束的场分布情况，建立了互相干函数的解析表达式。

假设光纤端面位于接收系统的焦平面且位于系统光轴中心以获得最大的耦合效率，则在光瞳面上的归一化单模光纤后向传输模场分布具有如下形式[131]：

$$U_{\mathrm{m}}(\boldsymbol{r}) = \frac{kW_{\mathrm{m}}}{\sqrt{2\pi}f}\exp\left[-\left(\frac{kW_{\mathrm{m}}}{2f}\right)^2 r^2\right] \tag{2-15}$$

式中，W_{m} 为光纤端面处的单模光纤模场半径；f 为接收系统焦距。

2.2.1　水平链路平面波平均光纤耦合效率建模分析

基于 Rytov 近似，平面波经过大气湍流后的互相干函数可以表示为[137]

$$\Gamma_{\mathrm{i(pl)}}(\boldsymbol{r}_1, \boldsymbol{r}_2) = \exp\left\{-4\pi^2 k^2 L\int_0^\infty \kappa\Phi_{\mathrm{n}}(\kappa)\left[1 - J_0(\kappa\mid\boldsymbol{r}_1 - \boldsymbol{r}_2\mid)\right]\mathrm{d}\kappa\right\}$$

$$\tag{2-16}$$

式中，$\Phi_{\mathrm{n}}(\kappa)$——折射率起伏功率谱；

$\quad\quad L$——光波在大气湍流中传输的距离；

$\quad\quad J_0(x)$——第一类贝塞尔函数。

Andrews 等人[137]的研究结果表明平面波的互相干函数表达式(2-16)在弱起伏和强起伏 Kolmogorov 湍流情况下均适用。但需要注意的是，对于 Non-Kolmogorov 湍流该式不适用。

考虑到大气湍流的复杂物理成因及许多大气外场测量实验的实验结果，科学家们相信，虽然 Kolmogorov 湍流是重要的，但它实际上只是 Non-Kolmogorov 湍流在功率谱幂律 α 等于 11/3 时的一种湍流状态，而功率谱幂律 α 应该是一个随大气状态变化的物理量，并不是一个固定值。

为使问题与实际情况符合，在描述水平链路大气湍流对平面波单模光纤平均耦合效率影响时，利用本书建立的水平链路 Non-Kolmogorov 湍流折射率起伏功率谱模型(2-10)，同时考虑了 Kolmogorov 湍流平面波互相干函数模型(2-16)，建立了在弱起伏和强起伏条件下均适用的 Non-Kolmogorov 湍流平面波互相干函数理论模型：

$$\Gamma_{i(pl)}(\boldsymbol{r}_1, \boldsymbol{r}_2, \alpha) = \exp\left\{-4\pi^2 k^2 h(\alpha) L \int_0^\infty \kappa (\kappa^2 + \kappa_0^2)^{-\frac{\alpha}{2}} \exp\left(-\frac{\kappa^2}{\kappa_m^2}\right) d\kappa + \right.$$

$$4\pi^2 k^2 h(\alpha) L \int_0^\infty \kappa (\kappa^2 + \kappa_0^2)^{-\frac{\alpha}{2}} \exp\left(-\frac{\kappa^2}{\kappa_m^2}\right)$$

$$\left. J_0(\kappa | \boldsymbol{r}_1 - \boldsymbol{r}_2 |) d\kappa \right\} \tag{2-17}$$

利用积分关系恒等式

$$U(a; c; z) = \frac{1}{\Gamma(a)} \int_0^\infty e^{-zt} t^{a-1} (1+t)^{c-a-1} dt, \quad a > 0, \quad \mathrm{Re}(z) > 0 \tag{2-18}$$

和第一类贝塞尔函数的级数展开式

$$J_p(x) = \sum_{n=0}^\infty \frac{(-1)^n \left(\dfrac{x}{2}\right)^{2n+p}}{n! \ \Gamma(n+p+1)}, \quad |x| < \infty \tag{2-19}$$

式中，$U(a; c; z)$ ——第二类合流超几何函数；

　　　　p ——第一类贝塞尔函数的阶数。

对(2-17)进行积分可得

$$\Gamma_{i(pl)}(\boldsymbol{r}_1, \boldsymbol{r}_2, \alpha) = \exp\left\{-2\pi^2 k^2 h(\alpha) L \kappa_0^{2-\alpha} U\left(1; 2 - \frac{\alpha}{2}; \frac{\kappa_0^2}{\kappa_m^2}\right) + \right.$$

$$2\pi^2 k^2 h(\alpha) L \kappa_0^{2-\alpha} \sum_{n=0}^\infty \frac{(-1)^n \left(|\boldsymbol{r}_1 - \boldsymbol{r}_2|^2 \dfrac{\kappa_0^2}{4}\right)^n}{n!}$$

$$U\left(n+1;\ n+2-\frac{\alpha}{2};\ \frac{\kappa_0^2}{\kappa_m^2}\right)\Bigg\} \tag{2-20}$$

对于 Non-Kolmogorov 大气湍流, 条件 $\kappa_0^2/\kappa_m^2 \ll 1$, 可近似等价于条件 $(l_0/L_0)^2 \ll 1$, 所以条件 $\kappa_0^2/\kappa_m^2 \ll 1$ 一直成立。然后利用近似公式

$$U(a;\ c;\ z)\ \sim\ \frac{\Gamma(1-c)}{\Gamma(1+a-c)}+\frac{\Gamma(c-1)}{\Gamma(\alpha)}z^{1-c},\quad |z|\ll 1 \tag{2-21}$$

第一类修正贝塞尔函数的级数展开式

$$I_p(x)=\sum_{n=0}^{\infty}\frac{\left(\dfrac{x}{2}\right)^{2n+p}}{n!\ \Gamma(n+p+1)},\quad |x|<\infty \tag{2-22}$$

和第一类合流超几何函数的级数展开式

$$_1F_1(a;\ c;\ z)=\sum_{n=0}^{\infty}\frac{(a)_n}{(c)_n}\frac{z^n}{n!},\quad |z|<\infty \tag{2-23}$$

式中, p 表示第一类修正贝塞尔函数的阶数, 对(2-20)积分可得

$$\Gamma_{i(pl)}(\boldsymbol{r}_1,\ \boldsymbol{r}_2,\ \alpha)=\exp\Bigg\{-2\pi^2k^2h(\alpha)L\left(\frac{\Gamma\left(\dfrac{\alpha}{2}-1\right)}{\Gamma\left(\dfrac{\alpha}{2}\right)}\kappa_0^{2-\alpha}+\frac{\Gamma\left(1-\dfrac{\alpha}{2}\right)}{\Gamma(1)}\kappa_m^{2-\alpha}\right)+$$

$$2\pi^2k^2h(\alpha)L\kappa_m^{2-\alpha}\Gamma\left(1-\frac{\alpha}{2}\right)\ _1F_1\left(1-\frac{\alpha}{2};\ 1;\ -\frac{|\boldsymbol{r}_1-\boldsymbol{r}_2|^2\kappa_m^2}{4}\right)-$$

$$2\pi^2k^2h(\alpha)L\kappa_0^{2-\alpha}\Gamma\left(1-\frac{\alpha}{2}\right)\left(\frac{|\boldsymbol{r}_1-\boldsymbol{r}_2|\kappa_0}{2}\right)^{\frac{\alpha}{2}-1}I_{1-\frac{\alpha}{2}}\left(\frac{|\boldsymbol{r}_1-\boldsymbol{r}_2|\kappa_0}{2}\right)\Bigg\}$$

$$\tag{2-24}$$

最后利用近似公式

$$_1F_1(a;\ c;\ -z)\ \sim\ \frac{\Gamma(c)}{\Gamma(c-a)}z^{-a},\quad \text{Re}(z)\gg 1 \tag{2-25}$$

和

$$I_p(x)\ \sim\ \frac{\left(\dfrac{x}{2}\right)^p}{\Gamma(1+p)},\quad p\neq -1,\ -2,\ -3,\cdots,\quad z\to 0^+ \tag{2-26}$$

对(2-24)积分,可得在弱起伏和强起伏条件下均适用的 Non-Kolmogorov 大气湍流中水平传输平面波的互相干函数:

$$\Gamma_{i(pl)}(\boldsymbol{r}_1, \boldsymbol{r}_2, \alpha) = \exp(M_{pl} \mid \boldsymbol{r}_1 - \boldsymbol{r}_2 \mid^{\alpha-2} - B_{pl}), \quad l_0 \ll \mid \boldsymbol{r}_1 - \boldsymbol{r}_2 \mid \ll L_0$$

(2-27)

式中

$$B_{pl} = 2\pi^2 k^2 h(\alpha) L \left[\left(\frac{\Gamma\left(\frac{\alpha}{2} - 1\right)}{\Gamma\left(\frac{\alpha}{2}\right)} + \frac{\Gamma\left(1 - \frac{\alpha}{2}\right)}{\Gamma\left(2 - \frac{\alpha}{2}\right)} \right) \kappa_0^{2-\alpha} + \frac{\Gamma\left(1 - \frac{\alpha}{2}\right)}{\Gamma(1)} \kappa_m^{2-\alpha} \right]$$

(2-28)

$$M_{pl} = 2^{3-\alpha} \pi^2 k^2 h(\alpha) L \frac{\Gamma\left(1 - \frac{\alpha}{2}\right)}{\Gamma\left(\frac{\alpha}{2}\right)}$$

(2-29)

限制条件 $l_0 \ll \mid \boldsymbol{r}_1 - \boldsymbol{r}_2 \mid \ll L_0$ 经常应用于互相干函数的推导中,并不会对空间光至单模光纤耦合效率的计算精度产生影响[131]。利用平均光纤耦合效率公式(2-13)和本书建立的在弱起伏和强起伏条件下均适用的 Non-Kolmogorov 湍流平面波互相干函数模型(2-27),可得在弱起伏和强起伏条件下均适用的 Non-Kolmogorov 湍流平面波平均光纤耦合效率理论模型:

$$\eta_{pl} = \frac{8W_m^2}{(\lambda f D)^2} \int_0^{\frac{D}{2}} \int_0^{\frac{D}{2}} \int_0^{2\pi} \int_0^{2\pi} \exp\left[-\left(\frac{\pi W_m}{\lambda f}\right)^2 (r_1^2 + r_2^2) \right] \times$$

$$\exp(M_{pl} \mid \boldsymbol{r}_1 - \boldsymbol{r}_2 \mid^{\alpha-2} - B_{pl}) r_1 r_2 \mathrm{d}\theta_1 \mathrm{d}\theta_2 \mathrm{d}r_1 \mathrm{d}r_2$$

(2-30)

式中,D——接收口径直径。

利用余弦定理

$$\mid \boldsymbol{r}_1 - \boldsymbol{r}_2 \mid^2 = r_1^2 + r_2^2 - 2r_1 r_2 \cos(\theta_1 - \theta_2)$$

(2-31)

展开 $\mid \boldsymbol{r}_1 - \boldsymbol{r}_2 \mid^{\alpha-2}$,然后将式(2-30)分解为关于角向积分量 θ_1 和 θ_2 的二重积分和关于径向积分量 r_1 和 r_2 的二重积分。先对关于角向积分量的二重积分进行积分,其具有如下形式:

$$I_{pl} = \int_0^{2\pi} \int_0^{2\pi} \exp\left\{ M_{pl} \left[r_1^2 + r_2^2 - 2r_1 r_2 \cos(\theta_1 - \theta_2) \right]^{\frac{\alpha}{2} - 1} - B_{pl} \right\} \mathrm{d}\theta_1 \mathrm{d}\theta_2$$

(2-32)

令 $\theta_{d} = \theta_1 - \theta_2$，$\theta = \theta_2$，并对(2-32)积分可得

$$I_{pl} = 4\pi \int_0^{\pi} \exp\left\{ M_{pl} \left(r_1^2 + r_2^2 \right)^{\frac{\alpha}{2}-1} \left[1 - \frac{2r_1 r_2}{r_1^2 + r_2^2} \cos(\theta_d) \right]^{\frac{\alpha}{2}-1} - B_{pl} \right\} d\theta_d$$

$$(2-33)$$

对径向积分量进行归一化，定义 $x_1 = 2r_1/D$ 和 $x_2 = 2r_2/D$，代入式(2-33)中可得

$$I_{pl} = 4\pi \int_0^{\pi} \exp\left\{ M_{pl} v^{\frac{\alpha}{2}-1} \left[1 - u\cos(\theta_d) \right]^{\frac{\alpha}{2}-1} - B_{pl} \right\} d\theta_d \qquad (2-34)$$

式中，$v = \dfrac{D^2}{4}(x_1^2 + x_2^2)$；$u = \dfrac{2x_1 x_2}{x_1^2 + x_2^2}$。最后将式(2-34)代入式(2-30)中并应用归一化径向积分量 x_1 和 x_2 后，可得在弱起伏和强起伏条件下均适用的 Non-Kolmogorov 大气湍流中水平传输平面波的平均光纤耦合效率：

$$\eta_{pl} = \frac{8\beta^2}{\pi} \exp(-B_{pl}) \int_0^1 \int_0^1 \exp\left[-\beta^2 (x_1^2 + x_2^2) \right] \times$$

$$F\left(\frac{D^2}{4}(x_1^2 + x_2^2), \frac{2x_1 x_2}{x_1^2 + x_2^2}, \alpha, M_{pl} \right) x_1 x_2 dx_1 dx_2 \qquad (2-35)$$

式中，β 为光纤耦合参数，其具有如下形式：

$$\beta = \frac{D}{2} \frac{\pi W_m}{\lambda f} \qquad (2-36)$$

F 为一个四变量的积分函数，其具有如下形式：

$$F(v, u, a, m) = \int_0^{\pi} \exp\left\{ mv^{\frac{\alpha}{2}-1} \left[1 - u\cos(\theta) \right]^{\frac{\alpha}{2}-1} \right\} d\theta \qquad (2-37)$$

需要指出的是，当 $\alpha = 11/3$ 时，式(2-35)与基于 Kolmogorov 湍流的水平链路平面波单模光纤平均耦合效率理论表达式完全一致，从而验证了所得结果的正确性。与基于 Kolmogorov 湍流的单模光纤平均耦合效率公式相比，式(2-35)成功引入了功率谱幂律 α 这一重要参数，更全面地描述了水平链路大气湍流对单模光纤平均耦合效率的影响。

下面基于得到的水平链路 Non-Kolmogorov 湍流平面波平均光纤耦合效率理论表达式，分析 Non-Kolmogorov 湍流对平面波最佳耦合效率和最佳耦合参数的影响。考虑水平链路的实际情况，选择如下链路参数，$C_n^2 = 1 \times 10^{-14}$ m$^{-2/3}$，$D = 0.1$ m，$L = 5$ km，$\lambda = 1.55$ μm，$l_0 = 1$ mm，$L_0 = 1$ m(若图中已标注链路参数，则

以图中标注为准)。

图 2-2 给出了不同折射率结构常数 C_n^2 时平面波最佳耦合效率随功率谱幂律 α 的变化曲线。从图 2-2 中可以看出,对于湍流起伏均匀的水平链路而言,平面波最佳耦合效率随着功率谱幂律 α 的增加而单调减少。此外,从图 2-2 中还可以看出,对于同一个 α 值,平面波最佳耦合效率随着折射率结构常数 C_n^2 的增加而减少。这一结论与 Dikmelik 等人[131]的研究结果一致,他们的研究结果表明 Kolmogorov 湍流($\alpha = 11/3$)中水平传输平面波的平均光纤耦合效率随着折射率结构常数 C_n^2 的增加而减少。

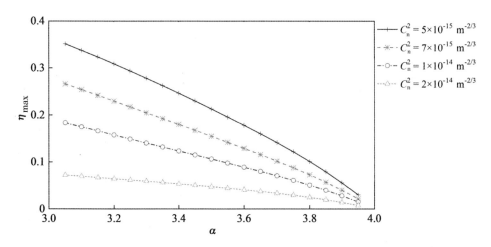

图 2-2　不同 C_n^2 时,平面波最佳耦合效率 $\eta_{\max}$ 随功率谱幂律 α 的变化曲线

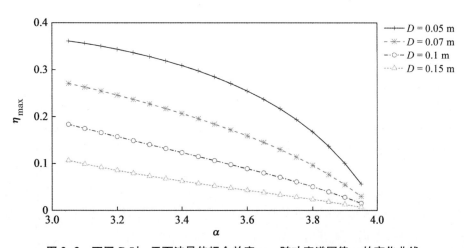

图 2-3　不同 D 时,平面波最佳耦合效率 $\eta_{\max}$ 随功率谱幂律 α 的变化曲线

图 2-3 给出了不同接收口径时平面波最佳耦合效率随功率谱幂律 α 的变化曲线。从图 2-3 中可以看出，对于不同的接收口径，平面波最佳耦合效率随着功率谱幂律 α 的增加而单调减少。此外，对于同一个 α 值，平面波最佳耦合效率随着接收系统口径的增加而减少。该结论也与 Dikmelik 等人[131]的研究结果一致，他们的研究结果表明 Kolmogorov 湍流 ($\alpha = 11/3$) 中水平传输平面波的平均光纤耦合效率随着接收系统口径的增加而减少。

图 2-4 给出了不同折射率结构常数 C_n^2 时平面波最佳耦合参数随功率谱幂律 α 的变化曲线，从图中可以看出，平面波最佳耦合参数随着功率谱幂律 α 的增加而单调增大。此外从图 2-4 中还可以看出，当 α 值相同时，平面波最佳耦合参数随着折射率结构常数 C_n^2 的增加而增大。以上结论与 Winzer 等人[139]的研究结果一致，他们的研究结果表明最佳耦合参数会随着散斑数 A_R/A_C 的增加而增大，$A_R = \pi D^2/4$，$A_C = \pi \rho_c^2$，ρ_c 为大气空间相干半径。由文献[140]可知，功率谱幂律 α 和折射率结构常数 C_n^2 的增加会使平面波大气空间相干半径减小，进而使散斑数增大。

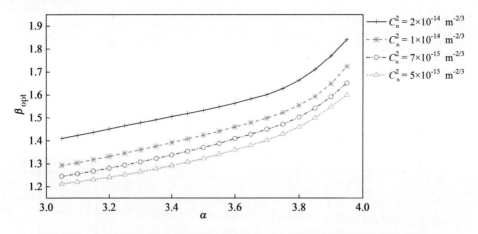

图 2-4 不同 C_n^2 时，平面波最佳耦合参数 β_{opt} 随功率谱幂律 α 的变化曲线

图 2-5 给出了不同接收系统口径时平面波最佳耦合参数随功率谱幂律 α 的变化曲线，从图中可以看出，当 α 值相同时，平面波最佳耦合参数随着接收系统口径的增加而增大。这是由于接收系统口径的增加会使散斑数 A_R/A_C 增大，进而使平面波最佳耦合参数增大。此外，对于不同的接收系统口径，平面波最佳耦合参数仍然随着功率谱幂律 α 的增加而单调增大。

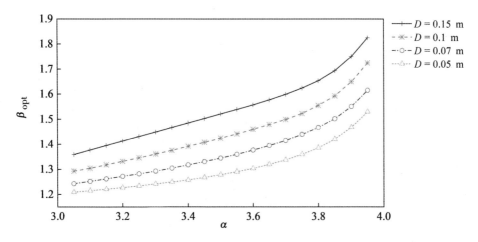

图 2-5　不同 D 时，平面波最佳耦合参数 β_{opt} 随功率谱幂律 α 的变化曲线

2.2.2　水平链路球面波平均光纤耦合效率建模分析

基于 Rytov 近似，球面波经过大气湍流后的互相干函数可以被表示为[137]

$$
\begin{aligned}
\Gamma_{\text{i(sp)}}(r_1, r_2) = &\frac{1}{(4\pi L)^2}\exp\left\{\frac{ik}{2L}(r_1^2 - r_2^2) - \right.\\
&\left. 4\pi^2 k^2 L \int_0^1 \int_0^\infty \kappa \Phi_n(\kappa)\left[1 - J_0(\kappa\xi \mid r_1 - r_2 \mid)\right]\mathrm{d}\kappa\mathrm{d}\xi\right\}
\end{aligned}
$$

$$(2-38)$$

Andrews 等人[137]的研究结果表明，球面波的互相干函数表达式(2-38)在弱起伏和强起伏 Kolmogorov 湍流情况下均适用。但需要注意的是，对于 Non-Kolmogorov 湍流式(2-38)不适用。

考虑到大气湍流的复杂物理成因及许多大气外场测量实验的实验结果，科学家们相信，虽然 Kolmogorov 湍流是重要的，但它实际上只是 Non-Kolmogorov 湍流在功率谱幂律 α 等于 11/3 时的一种湍流状态，而功率谱幂律 α 应该是一个随大气状态变化的物理量，并不是一个固定值。

为使问题与实际情况符合，在描述水平链路大气湍流对球面波单模光纤平均耦合效率影响时，利用本书建立的水平链路 Non-Kolmogorov 湍流折射率起伏功率谱模型(2-10)，同时考虑了 Kolmogorov 湍流球面波互相干函数模型(2-38)，建立了在弱起伏和强起伏条件下均适用的 Non-Kolmogorov 湍流球面波互

相干函数理论模型:

$$\Gamma_{i(sp)}(\boldsymbol{r}_1, \boldsymbol{r}_2, \alpha) = \frac{1}{(4\pi L)^2}\exp\left\{\frac{ik}{2L}(r_1^2 - r_2^2) + 4\pi^2 k^2 h(\alpha)L\right.$$

$$\int_0^1 \int_0^\infty \kappa (\kappa^2 + \kappa_0^2)^{-\frac{\alpha}{2}}\exp\left(-\frac{\kappa^2}{\kappa_m^2}\right) J_0(\kappa\xi \mid \boldsymbol{r}_1 - \boldsymbol{r}_2 \mid)\mathrm{d}\kappa\mathrm{d}\xi -$$

$$4\pi^2 k^2 h(\alpha)L \int_0^\infty \kappa (\kappa^2 + \kappa_0^2)^{-\frac{\alpha}{2}}\exp\left(-\frac{\kappa^2}{\kappa_m^2}\right)\mathrm{d}\kappa\right\}$$

$$(2\text{-}39)$$

依据与平面波相同的推导过程,可得在弱起伏和强起伏条件下均适用的 Non-Kolmogorov 大气湍流中水平传输球面波的互相干函数:

$$\Gamma_{i(sp)}(\boldsymbol{r}_1, \boldsymbol{r}_2, \alpha) = \frac{1}{(4\pi L)^2}\exp\left[\frac{ik}{2L}(r_1^2 - r_2^2)\right] \times$$

$$\exp(M_{sp} \mid \boldsymbol{r}_1 - \boldsymbol{r}_2 \mid^{\alpha-2} - B_{sp}), \quad l_0 \ll \mid \boldsymbol{r}_1 - \boldsymbol{r}_2 \mid \ll L_0$$

$$(2\text{-}40)$$

式中

$$B_{sp} = 2\pi^2 k^2 h(\alpha)L\left[\left(\frac{\Gamma\left(\frac{\alpha}{2} - 1\right)}{\Gamma\left(\frac{\alpha}{2}\right)} + \frac{\Gamma\left(1 - \frac{\alpha}{2}\right)}{\Gamma\left(2 - \frac{\alpha}{2}\right)}\right)\kappa_0^{2-\alpha} + \frac{\Gamma\left(1 - \frac{\alpha}{2}\right)}{\Gamma(1)}\kappa_m^{2-\alpha}\right]$$

$$(2\text{-}41)$$

$$M_{sp} = 2^{3-\alpha}\pi^2 k^2 h(\alpha)L\frac{\Gamma\left(1 - \frac{\alpha}{2}\right)}{\Gamma\left(\frac{\alpha}{2}\right)(\alpha - 1)} \quad (2\text{-}42)$$

利用平均光纤耦合效率公式(2-13)和本书建立的在弱起伏和强起伏条件下均适用的 Non-Kolmogorov 湍流球面波互相干函数模型(2-40),可得在弱起伏和强起伏条件下均适用的 Non-Kolmogorov 湍流球面波平均光纤耦合效率理论模型:

$$\eta_{\text{sp}} = \frac{8W_{\text{m}}^2}{(\lambda f D)^2} \int_0^{\frac{D}{2}} \int_0^{\frac{D}{2}} \int_0^{2\pi} \int_0^{2\pi} \exp\left[-\left(\frac{\pi W_{\text{m}}}{\lambda f}\right)^2 (r_1^2 + r_2^2) \right] \times$$

$$\exp\left[\frac{ik}{2L}(r_1^2 - r_2^2) + M_{\text{sp}} \mid \boldsymbol{r}_1 - \boldsymbol{r}_2 \mid^{\alpha-2} - B_{\text{sp}} \right] r_1 r_2 \mathrm{d}\theta_1 \mathrm{d}\theta_2 \mathrm{d}r_1 \mathrm{d}r_2$$

$$(2\text{-}43)$$

依据与平面波相同的积分简化过程，可得在弱起伏和强起伏条件下均适用的 Non-Kolmogorov 大气湍流中水平传输球面波的平均光纤耦合效率：

$$\eta_{\text{sp}} = \frac{8\beta^2}{\pi} \exp(-B_{\text{sp}}) \int_0^1 \int_0^1 \exp\left[-\beta^2(x_1^2 + x_2^2) + \frac{ikD^2}{8L}(x_1^2 - x_2^2) \right] \times$$

$$F\left(\frac{D^2}{4}(x_1^2 + x_2^2), \frac{2x_1 x_2}{x_1^2 + x_2^2}, \alpha, M_{\text{sp}} \right) x_1 x_2 \mathrm{d}x_1 \mathrm{d}x_2$$

$$(2\text{-}44)$$

式中，F 为一个四变量的积分函数，其具体形式见式(2-37)。

下面基于得到的水平链路 Non-Kolmogorov 大气湍流球面波平均光纤耦合效率理论表达式，分析 Non-Kolmogorov 湍流对球面波最佳耦合效率和最佳耦合参数的影响。考虑水平链路的实际情况，链路参数选择与上一节相同。

重复平面波的理论分析过程，结果如图 2-6～图 2-9 所示。从图中可以发现，球面波的最佳耦合效率和最佳耦合参数与平面波具有相同的变化趋势。此外，通过对比图 2-2～图 2-9 可知，在链路条件相同的情况下，平面波的最佳光

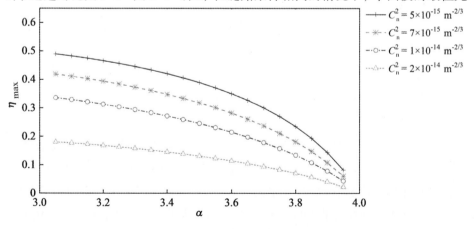

图 2-6　不同 C_{n}^2 时，球面波最佳耦合效率 η_{max} 随功率谱幂律 α 的变化曲线

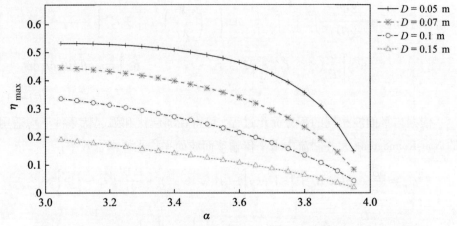

图 2-7 不同 D 时，球面波最佳耦合效率 $\eta_{\max}$ 随功率谱幂律 α 的变化曲线

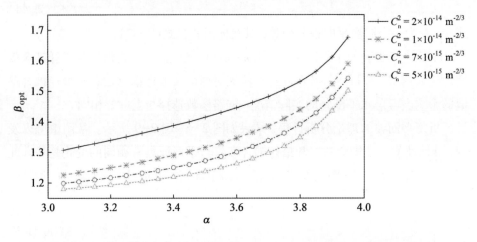

图 2-8 不同 C_n^2 时，球面波最佳耦合参数 β_{opt} 随功率谱幂律 α 的变化曲线

纤耦合效率小于球面波的最佳光纤耦合效率，而平面波的最佳耦合参数则大于球面波的最佳耦合参数。

该现象的物理解释是平面波和球面波到达光纤耦合透镜所在的接收平面时，分别具有不同的大气空间相干半径造成的。由文献[129]和[137]可知，在链路条件相同的情况下，相比于平面波，球面波具有更长的大气空间相干半径。考虑到 2.2.1 节中提到的 Dikmelik 和 Winzer 等人的研究成果，大气空间相干半径的增加会导致散斑数 A_R/A_C 减小，$A_R = \pi D^2/4$，$A_C = \pi \rho_c^2$，ρ_c 为大气空间相干半径，进而使单模光纤耦合效率增加，最佳耦合参数减小。

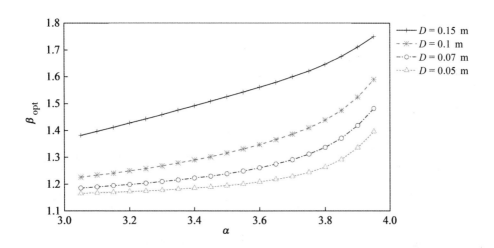

图 2-9　不同 D 时，球面波最佳耦合参数 β_{opt} 随功率谱幂律 α 的变化曲线

2.2.3　水平链路高斯光束平均光纤耦合效率建模分析

基于 Rytov 近似，弱起伏条件下高斯光束经过大气湍流后的互相干函数可以被表示为[137]

$$\Gamma_i(\boldsymbol{r}_1, \boldsymbol{r}_2) = \Gamma_i^0(\boldsymbol{r}_1, \boldsymbol{r}_2)\exp\Bigg[\!\!\Bigg[-4\pi^2 k^2 L \int_0^1\!\!\int_0^\infty \kappa\Phi_n(\kappa) \times$$

$$\left\{ 1 - \exp\!\left(-\frac{\Lambda L\kappa^2\xi^2}{k} \right) J_0\big[|\,(1-\overline{\Theta}\xi)\boldsymbol{p} - 2i\Lambda\xi\boldsymbol{r}\,|\,\kappa \big] \right\} \mathrm{d}\kappa\mathrm{d}\xi \Bigg]\!\!\Bigg]$$

$$(2\text{-}45)$$

式中

$$\Gamma_i^0(\boldsymbol{r}_1, \boldsymbol{r}_2) = \frac{W_0^2}{W^2}\exp\!\left(-\frac{2r^2}{W^2} - \frac{\rho^2}{2W^2} - i\,\frac{k}{F}\boldsymbol{p}\cdot\boldsymbol{r} \right) \qquad (2\text{-}46)$$

W 和 F 分别为接收平面上的光斑半径和相位波前曲率半径；$\Phi_n(\kappa)$ 为折射率起伏功率谱；$J_0(x)$ 为第一类贝塞尔函数；$\overline{\Theta}$ 为补充函数，它和接收平面曲率参数 Θ 具有如下关系：

$$\overline{\Theta} = 1 - \Theta\,;\ \boldsymbol{r} = (\boldsymbol{r}_1 + \boldsymbol{r}_2)/2\,,\ \boldsymbol{p} = \boldsymbol{r}_1 - \boldsymbol{r}_2\,,\ r = |\,\boldsymbol{r}\,|\,,\ \rho = |\,\boldsymbol{p}\,|$$

Θ 和 Λ 分别为接收平面曲率参数和菲涅尔（Fresnel）比率，它们和发射平面曲率参数 Θ_0 和 Fresnel 比率 Λ_0 具有如下关系：

31

$$\Theta = 1 + \frac{L}{F} = \frac{\Theta_0}{\Theta_0^2 + \Lambda_0^2}, \qquad \Lambda = \frac{2L}{kW^2} = \frac{\Lambda_0}{\Theta_0^2 + \Lambda_0^2} \qquad (2\text{-}47)$$

式中

$$\Theta_0 = 1 - \frac{L}{F_0}, \qquad \Lambda_0 = \frac{2L}{kW_0^2} \qquad (2\text{-}48)$$

W_0 和 F_0 分别为发射平面上的光斑半径和相位波前曲率半径。Θ 和 Λ 又称为接收端参数，而 Θ_0 和 Λ_0 则称为发射端参数。需要指出的是，当发射端曲率参数 Θ_0 的取值发生变化时，发射端高斯光束的类型也会发生变化。从图 2-10 中可以看出，当 Θ_0 小于 1 时，发射端高斯光束变为会聚光束；当 Θ_0 等于 1 时，发射端高斯光束变为准直光束；当 Θ_0 大于 1 时，发射端高斯光束变为发散光束。

需要注意的是，高斯光束的互相干函数表达式（2-45）仅适用于弱起伏条件下的 Kolmogorov 湍流，对于 Non-Kolmogorov 湍流该式不适用。

考虑到大气湍流的复杂物理成因及许多大气外场测量实验的实验结果，科学家们相信，虽然 Kolmogorov 湍流是重要的，但它实际上只是 Non-Kolmogorov 湍流在功率谱幂律 α 等于 11/3 时的一种湍流状态，而功率谱幂律 α 应该是一个随大气状态变化的物理量，并不是一个固定值。

为使问题与实际情况符合，在描述水平链路大气湍流对高斯光束单模光纤平均耦合效率影响时，利用本书建立的水平链路 Non-Kolmogorov 湍流折射率起伏功率谱模型（2-10），同时考虑了 Kolmogorov 湍流高斯光束互相干函数模型（2-45），我们建立了弱起伏条件下的 Non-Kolmogorov 湍流高斯光束互相干函数理论模型：

$$\Gamma_i(\boldsymbol{r}_1, \boldsymbol{r}_2, \alpha) = \Gamma_i^0(\boldsymbol{r}_1, \boldsymbol{r}_2) \exp\Bigg[\!\!\Bigg[-4\pi^2 k^2 h(\alpha) L \int_0^1\!\!\int_0^\infty \kappa\,(\kappa^2 + \kappa_0^2)^{-\frac{\alpha}{2}} \exp\!\left(-\frac{\kappa^2}{\kappa_m^2}\right) \times$$

$$\left\{ 1 - \exp\!\left(-\frac{\Lambda L \kappa^2 \xi^2}{k}\right) J_0\big[\,|\,(1 - \bar{\Theta}\xi)\boldsymbol{p} - 2i\Lambda\xi\boldsymbol{r}\,|\,\kappa\,\big] \right\} \mathrm{d}\kappa \mathrm{d}\xi \Bigg]\!\!\Bigg]$$

$$(2\text{-}49)$$

依据文献[141]，利用近似条件 $\boldsymbol{r}_1 = -\boldsymbol{r}_2$ 简化高斯光束的互相干函数表达式（2-49），并整理可得

$$\Gamma_i(\rho, \alpha) = \frac{W_0^2}{W^2} \exp\Bigg\{ -\frac{1}{4}\Lambda\!\left(\frac{k\rho^2}{L}\right) - 4\pi^2 k^2 h(\alpha) L \int_0^1\!\!\int_0^\infty \kappa\,(\kappa^2 + \kappa_0^2)^{-\frac{\alpha}{2}} \exp\!\left(-\frac{\kappa^2}{\kappa_m^2}\right) \times$$

$$\left[1 - \exp\!\left(-\frac{\Lambda L \kappa^2 \xi^2}{k}\right) J_0(|\,1 - \bar{\Theta}\xi\,|\,\rho\kappa) \right] \mathrm{d}\kappa \mathrm{d}\xi \Bigg\}$$

$$(2\text{-}50)$$

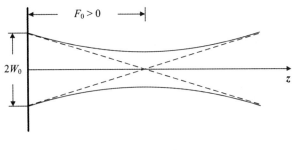

（a）会聚光束

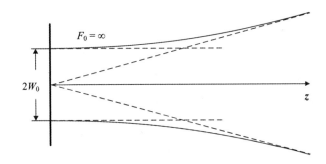

（b）准直光束

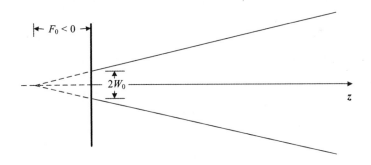

（c）发散光束

图 2-10 高斯光束类型示意图

需要指出的是，近似条件 $r_1 = -r_2$ 经常应用于高斯光束互相干函数的推导中，并不会对高斯光束互相干函数的计算精度产生影响[141]。利用有效参数法[141]，可得在弱起伏和强起伏条件下均适用的高斯光束互相干函数：

$$\Gamma_i(\rho, \alpha) = \frac{W_0^2}{W_{LT}^2}\exp\left[-\frac{1}{4}\Lambda_e\left(\frac{k\rho^2}{L}\right) - 4\pi^2 k^2 h(\alpha)L\int_0^1\int_0^\infty \kappa\ (\kappa^2 + \kappa_0^2)^{-\frac{\alpha}{2}}\exp\left(-\frac{\kappa^2}{\kappa_m^2}\right)\right.$$

$$\mathrm{d}\kappa\mathrm{d}\xi + 4\pi^2 k^2 h(\alpha)L \times \int_0^1\int_0^\infty \kappa\,(\kappa^2 + \kappa_0^2)^{-\frac{\alpha}{2}}\exp\left(-\frac{\kappa^2}{\kappa_m^2}\right)\exp\left(-\frac{\Lambda_e L\kappa^2\xi^2}{k}\right)$$

$$J_0(\,|\,1 - \overline{\Theta}_e\xi\,|\,\rho\kappa)\mathrm{d}\kappa\mathrm{d}\xi\Bigg] \tag{2-51}$$

式中

$$\Theta_e = 1 + \frac{L}{F_{LT}} = \frac{\Theta - \dfrac{2q\Lambda}{3}}{1 + \dfrac{4q\Lambda}{3}}, \quad \Lambda_e = \frac{2L}{kW_{LT}^2} = \frac{\Lambda}{1 + \dfrac{4q\Lambda}{3}} \tag{2-52}$$

为有效接收端参数；W_{LT} 为有效接收平面光斑半径；F_{LT} 为有效接收平面相位波前曲率半径；$q = L/k\rho_p^2$，ρ_p 为平面波的大气空间相干半径。经过水平 Non-Kolmogorov 大气湍流的平面波空间相干半径具有如下形式[140]：

$$\rho_p(\alpha) = \left[-2^{3-\alpha}h(\alpha)\pi^2 k^2 L\frac{\Gamma\left(1 - \dfrac{\alpha}{2}\right)}{\Gamma\left(\dfrac{\alpha}{2}\right)}\right]^{\frac{-1}{\alpha-2}} \tag{2-53}$$

利用积分关系恒等式（2-18）和第一类贝塞尔函数的级数展开式（2-19），对（2-51）进行积分可得

$$\Gamma_i(\rho,\alpha) = \frac{W_0^2}{W_{LT}^2}\exp\left[-\frac{1}{4}\Lambda_e\left(\frac{k\rho^2}{L}\right) - 2\pi^2 k^2 h(\alpha)L\kappa_0^{2-\alpha}U\left(1;\,2 - \frac{\alpha}{2};\,\frac{\kappa_0^2}{\kappa_m^2}\right) +$$

$$2\pi^2 k^2 h(\alpha)L\kappa_0^{2-\alpha}\int_0^1\sum_{n=0}^\infty\frac{(-1)^n\left(|\,1 - \overline{\Theta}_e\xi\,|\,\rho\,\dfrac{\kappa_0}{2}\right)^{2n}}{n!}\cdot$$

$$U\left(n+1;\,n+2 - \frac{\alpha}{2};\,\frac{\kappa_0^2}{\kappa_m^2} + \frac{\Lambda_e L\xi^2\kappa_0^2}{k}\right)\mathrm{d}\xi\Bigg] \tag{2-54}$$

由文献[87]可知，对于 Non-Kolmogorov 湍流，条件 $\kappa_0^2/\kappa_m^2 + \Lambda_e L\xi^2\kappa_0^2/k \ll 1$ 在绝大多数情况下成立，除了发射端为大口径聚焦光束，而在实际的工程应用中，通常不会假设发射端为大口径聚焦光束。然后利用近似公式（2-21），第一类修正贝塞尔函数的级数展开式（2-22）和第一类合流超几何函数的级数展开式（2-23），对（2-54）积分可得

$$\Gamma_i(\rho,\ \alpha) = \frac{W_0^2}{W_{LT}^2}\exp\left\{-\frac{1}{4}\Lambda_e\left(\frac{k\rho^2}{L}\right) - 2\pi^2 k^2 h(\alpha)L\left[\frac{\Gamma\left(\frac{\alpha}{2}-1\right)}{\Gamma\left(\frac{\alpha}{2}\right)}\kappa_0^{2-\alpha} + \right.\right.$$

$$\left.\frac{\Gamma\left(1-\frac{\alpha}{2}\right)}{\Gamma(1)}\kappa_m^{2-\alpha}\right] + 2\pi^2 k^2 h(\alpha)L\int_0^1\left(\frac{\Lambda_e L\xi^2}{k} + \frac{1}{\kappa_m^2}\right)^{\frac{\alpha}{2}-1}$$

$$_1F_1\left[1-\frac{\alpha}{2};\ 1;\ -\frac{(1-\overline{\Theta}_e\xi)^2\rho^2\kappa_m^2}{4\left(1+\frac{\Lambda_e L\xi^2\kappa_m^2}{k}\right)}\right]\Gamma\left(1-\frac{\alpha}{2}\right)\mathrm{d}\xi -$$

$$2\pi^2 k^2 h(\alpha)L\kappa_0^{2-\alpha}\int_0^1 I_{1-\frac{\alpha}{2}}(\mid 1-\overline{\Theta}_e\xi\mid\rho\kappa_0)\Gamma\left(1-\frac{\alpha}{2}\right)\cdot$$

$$\left.\left(\frac{\mid 1-\overline{\Theta}_e\xi\mid\rho\kappa_0}{2}\right)^{\frac{\alpha}{2}-1}\mathrm{d}\xi\right\}$$

$$(2-55)$$

最后利用近似式(2-25)和式(2-26)，对式(2-55)积分，可得在弱起伏和强起伏条件下均适用的 Non-Kolmogorov 大气湍流中水平传输高斯光束的互相干函数：

$$\Gamma_i(\rho,\ \alpha) = \frac{W_0^2}{W_{LT}^2}\exp\left[-\frac{1}{4}\Lambda_e\left(\frac{k\rho^2}{L}\right) + M\rho^{\alpha-2} - B\right],\quad l_0 \ll \rho \ll L_0$$

$$(2-56)$$

式中

$$B = 2\pi^2 k^2 h(\alpha)L\left[\left(\frac{\Gamma\left(\frac{\alpha}{2}-1\right)}{\Gamma\left(\frac{\alpha}{2}\right)} + \frac{\Gamma\left(1-\frac{\alpha}{2}\right)}{\Gamma\left(2-\frac{\alpha}{2}\right)}\right)\kappa_0^{2-\alpha} + \frac{\Gamma\left(1-\frac{\alpha}{2}\right)}{\Gamma(1)}\kappa_m^{2-\alpha}\right]\quad(2-57)$$

$$M = 2^{3-\alpha}\pi^2 k^2 h(\alpha)L\frac{\Gamma\left(1-\frac{\alpha}{2}\right)a_e}{\Gamma\left(\frac{\alpha}{2}\right)(\alpha-1)}\quad(2-58)$$

$$a_e = \begin{cases} \dfrac{1 - \Theta_e^{\alpha-1}}{1 - \Theta_e}, & \Theta_e \geqslant 0, \\[4mm] \dfrac{1 + |\Theta_e|^{\alpha-1}}{1 - \Theta_e}, & \Theta_e < 0 \end{cases} \qquad (2-59)$$

限制条件 $l_0 \ll \rho \ll L_0$ 经常应用于互相干函数的推导中，并不会对空间光至单模光纤耦合效率的计算精度产生影响[131]。在弱起伏和强起伏条件下均适用的 Non-Kolmogorov 大气湍流中，水平传输高斯光束的接收平均光功率具有如下形式[137]：

$$\langle P_a \rangle = \int_0^{\frac{D}{2}} \int_0^{2\pi} \frac{W_0^2}{W_{LT}^2} \exp\left(-\frac{2r^2}{W_{LT}^2}\right) r \mathrm{d}\theta \mathrm{d}r = \frac{\pi W_0^2}{2}\left[1 - \exp\left(-\frac{D^2}{2W_{LT}^2}\right)\right] \quad (2-60)$$

利用平均光纤耦合效率公式(2-13)，系统接收的平均光功率模型(2-60)和本书建立的在弱起伏和强起伏条件下均适用的 Non-Kolmogorov 湍流高斯光束互相干函数模型(2-56)，可得在弱起伏和强起伏条件下均适用的 Non-Kolmogorov 湍流高斯光束平均光纤耦合效率理论模型：

$$\eta = \frac{4W_m^2}{\lambda^2 f^2 \ W_{LT}^2\left[1 - \exp\left(-\dfrac{D^2}{2W_{LT}^2}\right)\right]} \int_0^{\frac{D}{2}} \int_0^{\frac{D}{2}} \int_0^{2\pi} \int_0^{2\pi} \exp\left[-\left(\frac{\pi W_m}{\lambda f}\right)^2 \cdot\right.$$

$$\left. (r_1^2 + r_2^2) - \frac{1}{4}\Lambda_e\left(\frac{k\rho^2}{L}\right) + M\rho^{\alpha-2} - B\right] r_1 r_2 \mathrm{d}\theta_1 \mathrm{d}\theta_2 \mathrm{d}r_1 \mathrm{d}r_2 \qquad (2-61)$$

依据与平面波相同的积分简化过程，可得在弱起伏和强起伏条件下均适用的 Non-Kolmogorov 大气湍流中水平传输高斯光束的平均光纤耦合效率：

$$\eta = \frac{4\beta^2 D^2 \exp(-B)}{\pi W_{LT}^2\left[1 - \exp\left(-\dfrac{D^2}{2W_{LT}^2}\right)\right]} \int_0^1 \int_0^1 \exp\left[-\beta^2(x_1^2 + x_2^2)\right]$$

$$G\left(\frac{D^2}{4}(x_1^2 + x_2^2), \frac{2x_1x_2}{x_1^2 + x_2^2}, \alpha, \frac{k\Lambda_e}{4L}, M\right) x_1 x_2 \mathrm{d}x_1 \mathrm{d}x_2 \qquad (2-62)$$

式中，G 为一个五变量的积分函数，其具有如下形式：

$$G(v, u, a, d, m) = \int_0^\pi \exp\left\{-dv[1 - u\cos(\theta)] + mv^{\frac{a}{2}-1}\left[1 - u\cos(\theta)\right]^{\frac{a}{2}-1}\right\}\mathrm{d}\theta$$

$$(2-63)$$

下面基于得到的水平链路 Non-Kolmogorov 大气湍流高斯光束平均光纤耦合效率理论表达式，分析发射端曲率参数 Θ_0，发射端 Fresnel 比率 Λ_0 和功率谱幂

律 α 对高斯光束最佳耦合效率和最佳耦合参数的影响。考虑水平链路的实际情况，链路参数选择与前两节一致。

图 2-11 给出了不同功率谱幂律 α 时准直光束($\Theta_0 = 1$)最佳耦合效率随发射端 Fresnel 比率 Λ_0 的变化曲线。从图 2-11 中可以看出，对于某一个固定的功率谱幂律 α，准直光束最佳耦合效率先随着发射端 Fresnel 比率 Λ_0 的增加而增大，在 $\Lambda_0 = 1$ 附近达到极大值，然后开始缓慢减小，存在着最佳的发射端 Fresnel 比率 Λ_0，使 Non-Kolmogorov 大气湍流中水平传输准直光束的平均光纤耦合效率达到最大。此外，从图 2-11 中还可以看出，准直光束最佳耦合效率会随着功率谱幂律 α 的增加而减小。这一结论与平面波和球面波最佳耦合效率的结论一致。为了进一步分析 Λ_0 和 α 对准直光束最佳耦合参数的影响，对不同功率谱幂律 α 的准直光束最佳耦合参数随发射端 Fresnel 比率 Λ_0 的变化进行了计算，如图 2-12 所示。从图中可以看出，对于某一个固定的功率谱幂律 α，准直光束最佳耦合参数先随着发射端 Fresnel 比率 Λ_0 的增加而减小，在 $\Lambda_0 = 1$ 附近达到极小值，然后开始缓慢增大。此外，准直光束最佳耦合参数会随着功率谱幂律 α 的增加而增大。这一结论与平面波和球面波最佳耦合参数的结论一致。

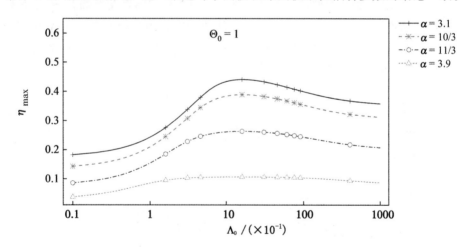

图 2-11　不同 α 时，准直光束最佳耦合效率 η_{max} 随 Fresnel 比率 Λ_0 的变化曲线

图 2-13 和图 2-14 分别给出了不同功率谱幂律 α 时会聚光束($\Theta_0 = 0.1$)最佳耦合效率和最佳耦合参数随发射端 Fresnel 比率 Λ_0 的变化曲线。观察图 2-13 可以发现，它与图 2-11 非常相似。因此，相同的结论也能从图 2-13 中得到，唯一的区别是对应耦合效率极大值的发射端 Fresnel 比率 Λ_0 会随着发射端曲率

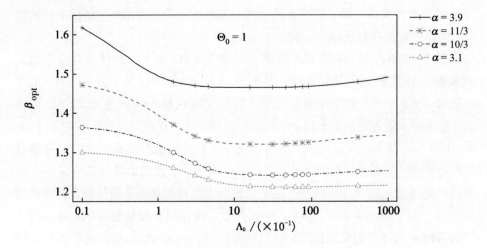

图 2-12 不同 α 时, 准直光束最佳耦合参数 β_{opt} 随 Fresnel 比率 Λ_0 的变化曲线

参数 Θ_0 的减少而减小。从图 2-14 中可以看出, 对于某一个固定的功率谱幂律 α, 会聚光束最佳耦合参数先随着发射端 Fresnel 比率 Λ_0 的增加而减小, 在 $\Lambda_0 = 0.1$ 附近达到极小值, 然后保持不变直到 $\Lambda_0 = 10$, 最后随着发射端 Fresnel 比率 Λ_0 的继续增加开始缓慢增大。从图中还可以发现, 随着发射端曲率参数 Θ_0 从 1 减小到了 0.1, 对应耦合参数极小值的发射端 Fresnel 比率 Λ_0 也相应减小了。此外, 会聚光束的最佳耦合参数也会随着功率谱幂律 α 的增加而增大。

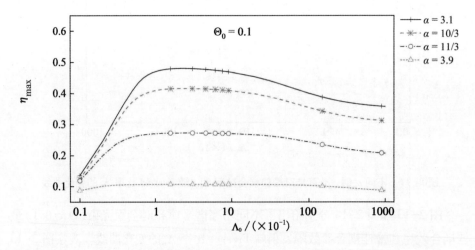

图 2-13 不同 α 时, 会聚光束最佳耦合效率 η_{max} 随 Fresnel 比率 Λ_0 的变化曲线

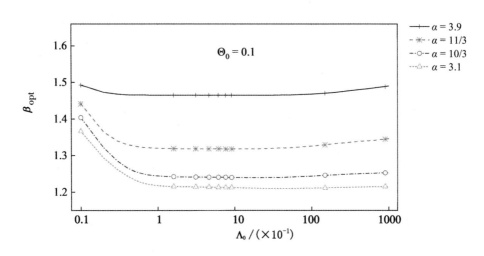

图 2-14　不同 α 时，会聚光束最佳耦合参数 β_{opt} 随 Fresnel 比率 Λ_0 的变化曲线

图 2-15 和图 2-16 分别给出了不同功率谱幂律 α 时发散光束($\Theta_0 = 10$)最佳耦合效率和最佳耦合参数随发射端 Fresnel 比率 Λ_0 的变化曲线。观察图 2-15 可以发现，它与图 2-11 和图 2-13 非常相似，因此，相同的结论也能从图 2-15 中得到，唯一的区别是随着发射端曲率参数 Θ_0 的增加，耦合效率极大值所对应的发射端 Fresnel 比率 Λ_0 从 0.1 和 1 增加到了 10。该结果表明高斯光束的平均光纤耦合效率受到发射端曲率参数 Θ_0 和发射端 Fresnel 比率 Λ_0 的影响，不同光束类型(Θ_0 不同)的高斯光束都存在着最佳发射端 Fresnel 比率 Λ_0，使经过大气

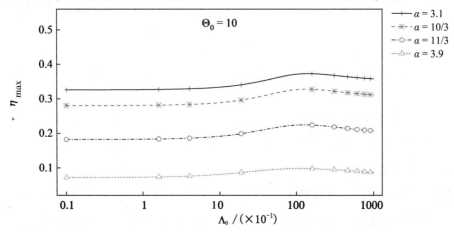

图 2-15　不同 α 时，发散光束最佳耦合效率 η_{max} 随 Fresnel 比率 Λ_0 的变化曲线

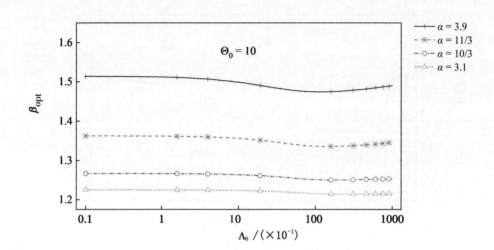

图 2-16　不同 α 时，发散光束最佳耦合参数 β_{opt} 随 Fresnel 比率 Λ_0 的变化曲线

湍流后的平均光纤耦合效率达到最大。从图 2-16 中可以看出，对于某一个固定的功率谱幂律 α，发散光束最佳耦合参数先随着发射端 Fresnel 比率 Λ_0 的增加而减小，在 $\Lambda_0 = 10$ 附近达到极小值，然后开始缓慢增加。从图中还可以发现，对应于耦合参数极小值的发射端 Fresnel 比率 Λ_0 会随着发射端曲率参数 Θ_0 的增加而增大。此外，对于发散光束，最佳耦合参数仍然会随着功率谱幂律 α 的增加而增大。

　　对比图 2-12、图 2-14 和图 2-16，可以轻易发现随着发射端曲率参数 Θ_0 的变化，不同类型高斯光束的最佳耦合参数呈现出完全不同的变化趋势，这令人感到迷惑。为了进一步分析产生这种现象的物理原因，我们分别计算了不同发射端曲率参数 Θ_0 时最佳耦合参数和大气相干半径随发射端 Fresnel 比率 Λ_0 的变化曲线，结果如图 2-17 和图 2-18 所示。为了方便比较，数值仿真时选取功率谱幂律 α 的值为 11/3，并使用文献 [137] 中给出的 Kolmogorov 大气湍流高斯光束空间相干半径表达式进行计算。同时观察图 2-17 和图 2-18，可以发现，对于某一个固定的发射端曲率参数 Θ_0，最佳耦合参数和大气相干半径随着发射端 Fresnel 比率 Λ_0 的增加有着完全相反的变化趋势。这一结论与 Winzer 等人 [139] 的研究结果一致，他们的研究结果表明，最佳耦合参数会随着散斑数 A_R/A_C 的增加而增大，而根据散斑数的定义，大气相干半径的减小会使散斑数增大。结合前两节的研究结果，可以得出如下结论：在 Non-Kolmogorov 大气湍

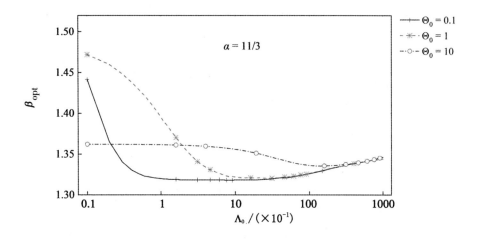

图 2-17　$\alpha = 11/3$ 时，不同曲率参数的最佳耦合参数随 Fresnel 比率 Λ_0 的变化曲线

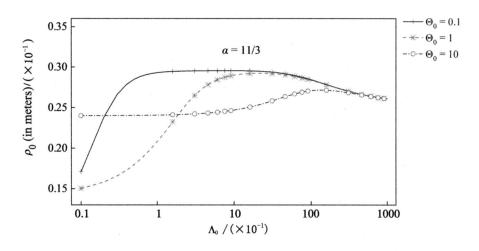

图 2-18　$\alpha = 11/3$ 时，不同曲率参数的相干长度随 Fresnel 比率 Λ_0 的变化曲线

流的情况下，平面波、球面波和高斯光束的最佳耦合参数仍然会随着散斑数 A_R/A_C 的增加而增大。此外，对比图 2-11、图 2-13、图 2-15 和图 2-18 还可以发现，在链路参数相同的情况下，最佳耦合效率和大气相干半径的变化趋势并不相同。这一结论与平面波和球面波的结论并不一致，如前文所述，平面波和球面波的最佳耦合效率会随着散斑数 A_R/A_C 的减小而单调增大。这个现象可能是因为高斯光束的平均耦合效率表达式比平面波和球面波的表达式要复杂得多，所以高斯光束的平均耦合效率并不只依赖于散斑数 A_R/A_C 的值。

2.3 Non-Kolmogorov 湍流下水平链路的光强起伏时间频率谱

本书采用光强起伏时间频率谱法来获得功率谱幂律 α 的实验测量值，为了获得功率谱幂律 α 的精确测量值，必须得到发射激光束经过 Non-Kolmogorov 湍流后光强起伏时间频率谱的解析表达式。现有的研究工作中，已经建立了基于平面波和球面波的 Non-Kolmogorov 湍流光强起伏时间频率谱理论模型[77]，但在实际激光通信过程中，平面波和球面波近似并不足以精确地描述激光光场的空间传输特性。因此，为了更全面地描述水平链路大气湍流对发射激光束的影响，建立基于高斯光束的 Non-Kolmogorov 湍流光强起伏时间频率谱理论模型至关重要。

本节运用 Rytov 近似和薄相位屏法，推导了水平链路中基于高斯光束的 Non-Kolmogorov 湍流光强起伏时间频率谱解析表达式，为后文在大气外场实验中测量功率谱幂律 α 奠定基础。

2.3.1 随机相位屏模型

为了本书后续章节理论推导的需要，本节将阐述大气湍流随机相位屏模型的基本理论。假设发射端为基模高斯光束，即 TEM_{00} 高斯光束，其具有如下形式：

$$U_0(\boldsymbol{r},\,0) = a_0 \exp\left(-\frac{r^2}{W_0^2} - i\frac{kr^2}{2F_0}\right) \tag{2-64}$$

式中，W_0 和 F_0 分别为发射平面上的光斑半径和相位波前曲率半径；a_0 为高斯光束振幅；r 为距光轴中心的距离；$k = 2\pi/\lambda$，λ 为波长。基于 Rytov 近似，经过大气湍流的接收端光场可表示为如下形式[137]：

$$U(\boldsymbol{r},\,L) = U_0(\boldsymbol{r},\,L)\exp[\psi(\boldsymbol{r},\,L)] = U_0(\boldsymbol{r},\,L)\exp[\psi_1(\boldsymbol{r},\,L) + \psi_2(\boldsymbol{r},\,L) + \cdots]$$

$$\tag{2-65}$$

式中

$$U_0(\boldsymbol{r},\ L) = \frac{a_0}{\Theta_0 + i\Lambda_0} \exp\left(ikL - \frac{r^2}{W^2} - i\frac{kr^2}{2F} \right) \tag{2-66}$$

为不考虑大气湍流影响时的接收端光场；$\psi(\boldsymbol{r},\ L)$ 为大气湍流引起的复相位畸变，$\psi_1(\boldsymbol{r},\ L)$ 和 $\psi_2(\boldsymbol{r},\ L)$ 分别为一阶复相位畸变和二阶复相位畸变；高斯光束发射端参数 Θ_0，Λ_0 和接收端参数 Θ，Λ 的定义与 2.2.3 节一致。

对于均匀各向同性大气湍流，Yura 和 Andrews 等人[142-143] 的研究结果表明，弱起伏条件下的光束统计量基本可以表示为以下 3 个二阶矩的线性组合

$$E_1(0,\ 0) = \langle \psi_2(\boldsymbol{r},\ L) \rangle + \frac{1}{2}\langle \psi_1^2(\boldsymbol{r},\ L) \rangle = -2\pi^2 k^2 \int_0^L \int_0^\infty \kappa \Phi_n(\kappa,\ z)\,\mathrm{d}\kappa\mathrm{d}z \tag{2-67}$$

$$E_2(\boldsymbol{r}_1,\ \boldsymbol{r}_2) = \langle \psi_1(\boldsymbol{r}_1,\ L)\psi_1^*(\boldsymbol{r}_2,\ L) \rangle$$

$$= 4\pi^2 k^2 \int_0^L \int_0^\infty \kappa \Phi_n(\kappa,\ z) \exp\left[-\frac{\Lambda L \kappa^2 \left(1 - \dfrac{z}{L}\right)^2}{k} \right] \times$$

$$J_0\{\kappa\,|\,]1 - \bar{\Theta}\left(1 - \frac{z}{L}\right)]\boldsymbol{p} - 2i\Lambda\left(1 - \frac{z}{L}\right)\boldsymbol{r}\,|\,\}\mathrm{d}\kappa\mathrm{d}z \tag{2-68}$$

$$E_3(\boldsymbol{r}_1,\ \boldsymbol{r}_2) = \langle \psi_1(\boldsymbol{r}_1,\ L)\psi_1(\boldsymbol{r}_2,\ L) \rangle$$

$$= -4\pi^2 k^2 \int_0^L \int_0^\infty \kappa \Phi_n(\kappa,\ z) \exp\left\{ -\frac{iL\kappa^2}{k}\left(1 - \frac{z}{L}\right)\left[1 - \bar{\Theta}\left(1 - \frac{z}{L}\right)\right] \right\} \times$$

$$\exp\left[-\frac{\Lambda L \kappa^2 \left(1 - \dfrac{z}{L}\right)^2}{k} \right] J_0\{\kappa\rho[1 - (\bar{\Theta} + i\Lambda)\left(1 - \frac{z}{L}\right)]\}\mathrm{d}\kappa\mathrm{d}z \tag{2-69}$$

式中，$\langle\ \rangle$ 表示系综平均；$J_0(x)$ 为第一类贝塞尔函数；$*$ 表示复共轭；$\boldsymbol{r} = (\boldsymbol{r}_1 + \boldsymbol{r}_2)/2$，$\boldsymbol{p} = \boldsymbol{r}_1 - \boldsymbol{r}_2$，$r = |\boldsymbol{r}|$，$\rho = |\boldsymbol{p}|$。

2.3.1.1　任意厚度相位屏

考虑到现有的湍流统计二阶矩理论模型(2-67)～(2-69)数学形式十分复杂，难以获得光强起伏时间频率谱的解析表达式，在这里引入随机相位屏模型对其进行简化。假设如图 2-19 所示，大气湍流只存在于传输路径中的区间 $L_1 \leqslant z \leqslant L_1 + L_2$。这样，可以方便地引入归一化路径变量，其具有如下形式：

$$1 - \frac{z}{L} = d_3(1 + d_2\eta), \quad 0 \leqslant \eta \leqslant 1 \tag{2-70}$$

式中，$d_2 = L_2/L_3$；$d_3 = L_3/L$。应用归一化路径变量(2-70)，本书建立了基于任意厚度相位屏的湍流统计二阶矩理论模型：

$$E_1(0, 0) = -2\pi^2 k^2 L d_2 d_3 \int_0^1 \int_0^\infty \kappa \Phi_n(\kappa, \eta) \mathrm{d}\kappa \mathrm{d}\eta \tag{2-71}$$

$$E_2(\boldsymbol{r}_1, \boldsymbol{r}_2) = 4\pi^2 k^2 L d_2 d_3 \int_0^1 \int_0^\infty \kappa \Phi_n(\kappa, \eta) \exp\left[-\frac{\Lambda L \kappa^2 d_3^2 (1 + d_2\eta)^2}{k}\right] \times$$

$$J_0\left\{\kappa \mid \left[1 - \overline{\Theta} d_3(1 + d_2\eta)\right]\boldsymbol{p} - 2i\Lambda d_3(1 + d_2\eta)\boldsymbol{r}\mid\right\} \mathrm{d}\kappa \mathrm{d}\eta \tag{2-72}$$

$$E_3(\boldsymbol{r}_1, \boldsymbol{r}_2) = -4\pi^2 k^2 L d_2 d_3 \int_0^1 \int_0^\infty \kappa \Phi_n(\kappa, \eta) \exp\left\{-\frac{iL\kappa^2}{k} d_3(1 + d_2\eta)\left[1 - \overline{\Theta} d_3(1 + \right.\right.$$

$$\left.\left. d_2\eta)\right]\right\} \times \exp\left[-\frac{\Lambda L \kappa^2 d_3^2 (1 + d_2\eta)^2}{k}\right] J_0\left\{\kappa\rho\left[1 - (\overline{\Theta} + i\Lambda) d_3(1 + \right.\right.$$

$$\left.\left. d_2\eta)\right]\right\} \mathrm{d}\kappa \mathrm{d}\eta \tag{2-73}$$

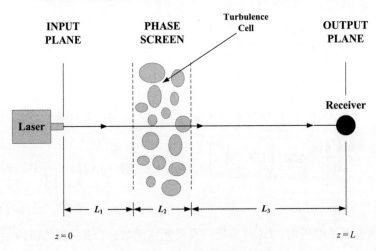

图 2-19 随机相位屏模型示意图

2.3.1.2 薄相位屏

如果湍流相位屏的厚度远小于光束的传输距离，即 $d_2 \ll 1$，可以称为薄相位屏，薄相位屏假设在许多研究领域应用广泛。

在薄相位屏假设下，可知 $1 + d_2 \cong 1$，该条件直接消除了二阶矩对传输距离

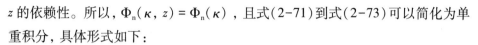

z 的依赖性。所以，$\Phi_n(\kappa, z) = \Phi_n(\kappa)$，且式（2-71）到式（2-73）可以简化为单重积分，具体形式如下：

$$E_1(0, 0) = -2\pi^2 k^2 L d_2 d_3 \int_0^\infty \kappa \Phi_n(\kappa)\, \mathrm{d}\kappa \tag{2-74}$$

$$E_2(\boldsymbol{r}_1, \boldsymbol{r}_2) = 4\pi^2 k^2 L d_2 d_3 \int_0^\infty \kappa \Phi_n(\kappa) \exp\left(-\frac{\Lambda L d_3^2 \kappa^2}{k}\right) \times$$

$$J_0\left[\kappa \mid (1 - \overline{\Theta} d_3)\boldsymbol{p} - 2i\Lambda d_3 \boldsymbol{r} \mid\right]\mathrm{d}\kappa \tag{2-75}$$

$$E_3(\boldsymbol{r}_1, \boldsymbol{r}_2) = -4\pi^2 k^2 L d_2 d_3 \int_0^\infty \kappa \Phi_n(\kappa) \exp\left[-\frac{iL\kappa^2}{k} d_3(1 - \overline{\Theta} d_3)\right] \times$$

$$\exp\left(-\frac{\Lambda L d_3^2 \kappa^2}{k}\right) J_0[\kappa \rho(1 - \overline{\Theta} d_3 - i\Lambda d_3)]\mathrm{d}\kappa \tag{2-76}$$

2.3.1.3　相位屏的 Rytov 方差

为了使薄相位屏模型与大气湍流具有等价性，薄相位屏的 Rytov 方差应该与大气湍流的 Rytov 方差相等。对于链路距离为 L 的大气湍流，Rytov 方差具有如下形式[144]：

$$\sigma_R^2 = 8\pi^2 k^2 L \int_0^1 \int_0^\infty \kappa \Phi_n(\kappa)\left[1 - \cos\left(\frac{L\kappa^2 \xi}{k}\right)\right]\mathrm{d}\kappa\,\mathrm{d}\xi \tag{2-77}$$

利用本书建立的水平链路 Non-Kolmogorov 湍流功率谱模型（2-10），可得 Non-Kolmogorov 湍流 Rytov 方差的理论模型：

$$\sigma_R^2(\alpha) = 8\pi^2 k^2 h(\alpha) L \int_0^1 \int_0^\infty \kappa\,(\kappa^2 + \kappa_0^2)^{-\frac{\alpha}{2}} \exp\left(-\frac{\kappa^2}{\kappa_m^2}\right)\left[1 - \cos\left(\frac{L\kappa^2 \xi}{k}\right)\right]\mathrm{d}\kappa\,\mathrm{d}\xi$$

$$\tag{2-78}$$

利用积分关系恒等式（2-18）和近似公式（2-21）对式（2-78）进行积分，并令 $\kappa_0 \to 0^+$，$\kappa_m \to \infty$ 和 $\kappa_0/\kappa_m \to 0^+$，则 Non-Kolmogorov 湍流的 Rytov 方差具有如下形式：

$$\sigma_R^2(\alpha) \cong \mathrm{Re}\left[-\frac{8}{\alpha}\pi^2 \Gamma\left(1 - \frac{\alpha}{2}\right)(i)^{\frac{\alpha}{2}-1}\right] h(\alpha) k^{3-\frac{\alpha}{2}} L^{\frac{\alpha}{2}} \tag{2-79}$$

式中，$\cong$ 表示约等于。对于 Non-Kolmogorov 湍流下的薄相位屏模型，其考虑等价性的折射率起伏功率谱和 Rytov 方差分别具有如下形式：

$$\Phi_n(\kappa,\alpha) = f(\alpha) \frac{\exp\left(-\dfrac{\kappa^2}{\kappa_m^2}\right)}{(\kappa^2 + \kappa_0^2)^{\frac{\alpha}{2}}} \tag{2-80}$$

$$\hat{\sigma}_R^2(\alpha) = 8\pi^2 k^2 L d_2 d_3 \int_0^\infty \kappa \Phi_n(\kappa,\alpha)\left[1 - \cos\left(\frac{L\kappa^2 d_3}{k}\right)\right]\mathrm{d}\kappa \tag{2-81}$$

式中

$$f(\alpha) = -\frac{\Gamma(\alpha)\left(\dfrac{k}{L}\right)^{\frac{\alpha}{2}-\frac{11}{6}}\tilde{c}_n^2}{8\pi^2\Gamma(1-0.5\alpha)\left[\Gamma(0.5\alpha)\right]^2\sin(0.25\pi\alpha)} \tag{2-82}$$

$\tilde{c}_n^2$ 为 Non-Kolmogorov 湍流薄相位屏折射率结构常数，$\mathrm{m}^{3-\alpha}$。

利用薄相位屏的功率谱模型(2-80)和 Rytov 方差表达式(2-81)，并依据与前面相同的推导过程，可得 Non-Kolmogorov 湍流下薄相位屏模型的 Rytov 方差：

$$\hat{\sigma}_R^2(\alpha) \cong \mathrm{Re}\left[-4\pi^2\Gamma\left(1-\frac{\alpha}{2}\right)(i)^{\frac{\alpha}{2}-1}\right]f(\alpha)k^{3-\frac{\alpha}{2}}L^{\frac{\alpha}{2}}d_2 d_3^{\frac{\alpha}{3}} \tag{2-83}$$

利用式(2-79)和式(2-83)的等价性，可以得到 Non-Kolmogorov 湍流折射率结构常数 $\widetilde{C}_n^2$ 和 Non-Kolmogorov 湍流薄相位屏折射率结构常数 $\tilde{c}_n^2$ 的关系式，其具有如下形式：

$$\widetilde{C}_n^2 = \frac{\alpha}{2}d_2 d_3^{\alpha/2}\tilde{c}_n^2 = \frac{\alpha}{2}d_3^{\frac{\alpha}{3}-1}\frac{L_2}{L}\tilde{c}_n^2 \tag{2-84}$$

当 $\alpha = 11/3$ 时，式(2-79)和式(2-83)与 Kolmogorov 湍流的 Rytov 方差和 Kolmogorov 湍流下薄相位屏模型的 Rytov 方差一致，从而验证了所得结果的正确性。

2.3.2　水平链路高斯光束光强起伏时间频率谱建模分析

根据定义可知，光强起伏的时间频率谱具有如下形式[137]：

$$W_I(\omega) = 4\int_0^\infty C_I(t)\cos(\omega t)\,\mathrm{d}t \tag{2-85}$$

式中，$W_I(\omega)$ 为光强起伏的时间频率谱；ω 为角频率；$C_I(t)$ 为光强起伏时间协方差。

基于 Taylor 冻结湍流假设，光强起伏时间协方差 $C_1(t)$ 可以由光强起伏空间协方差 $C_1(\rho)$ 得到。利用本书建立的基于薄相位屏的湍流统计二阶矩模型(2-75)和(2-76)，可得弱起伏条件下的高斯光束光强起伏空间协方差

$$C_1(\rho) = 2\text{Re}\big[E_2(\boldsymbol{r}_1, \boldsymbol{r}_2) + E_3(\boldsymbol{r}_1, \boldsymbol{r}_2)\big]$$

$$= 8\pi^2 k^2 L d_2 d_3 \int_0^\infty \kappa \Phi_n(\kappa) \exp\left(-\frac{\Lambda L d_3^2 \kappa^2}{k}\right) \text{Re}\left\{ J_0\big[\kappa \mid (1-\bar{\Theta}d_3)\boldsymbol{p} - \right.$$

$$\left. 2i\Lambda d_3 \boldsymbol{r} \mid\big] - \exp\left[-\frac{iL\kappa^2 d_3}{k}(1-\bar{\Theta}d_3)\right] J_0\big[\kappa\rho(1-\bar{\Theta}d_3 - i\Lambda d_3)\big] \right\} \mathrm{d}\kappa$$

$$(2\text{-}86)$$

为使薄相位屏模型的高斯光束光强起伏空间协方差(2-86)与大气湍流的高斯光束光强起伏空间协方差具有等价性，式(2-86)必须满足经验公式[137]

$$d_3 = 0.67 - 0.17\Theta \tag{2-87}$$

由文献[145]可知，该经验公式在 Kolmogorov 湍流和 Non-Kolmogorov 湍流情况下均成立。

对于高斯光束，由 Taylor 冻结湍流假设可得，$\gamma \boldsymbol{p} = \boldsymbol{v}_\perp t$，$\gamma^* \boldsymbol{p} = \boldsymbol{v}_\perp t$。$\gamma$ 为路径振幅参数，$\gamma = 1 - \bar{\Theta}d_3 - i\Lambda d_3$，$\boldsymbol{v}_\perp$ 为平均横向风速。然后利用贝塞尔函数的加法公式

$$\text{Re}\big[J_0(\mid \boldsymbol{x} - i\boldsymbol{y} \mid)\big] = J_0(x)I_0(y) + 2\sum_{n=1}^{\infty}(-1)^n J_{2n}(x)I_{2n}(y)\cos(2n\varphi)$$

$$(2\text{-}88)$$

式中，φ 为向量 $\boldsymbol{x}$ 和 $\boldsymbol{y}$ 间的夹角；$I_0(x)$ 为第一类修正贝塞尔函数。可以发现如下关系：

$$\text{Re}\left\{J_0\big[\kappa \mid (1-\bar{\Theta}d_3)\boldsymbol{p} - 2i\Lambda d_3 \boldsymbol{r} \mid\big]\right\} = \text{Re}\left\{J_0\big[\kappa \mid \gamma\boldsymbol{p}/2 + \gamma^*\boldsymbol{p}/2 + \right.$$

$$\left. \gamma\boldsymbol{r} - \gamma^*\boldsymbol{r} \mid\big]\right\}$$

$$= J_0(\kappa v_\perp t)I_0(2\Lambda\kappa d_3 r) \tag{2-89}$$

$$J_0\big[\kappa\rho(1-\bar{\Theta}d_3 - i\Lambda d_3)\big] = J_0(\gamma\kappa\rho) = J_0(\kappa v_\perp t) \tag{2-90}$$

式中，$v_\perp = \mid \boldsymbol{v}_\perp \mid$。

利用由 Taylor 冻结湍流假设得到的等价公式(2-89)和(2-90)，以及本书

建立的高斯光束光强起伏空间协方差模型(2-86)，可得弱起伏条件下的高斯光束光强起伏时间协方差：

$$C_{\mathrm{I}}(t) = 8\pi^2 k^2 L d_2 d_3 \int_0^\infty \kappa \Phi_n(\kappa) \exp\left(-\frac{\Lambda L d_3^2 \kappa^2}{k}\right) J_0(\kappa v_\perp t) \times$$

$$\left\{ I_0(2\Lambda\kappa d_3 r) - \cos\left[\frac{L\kappa^2}{k} d_3(1 - \bar{\Theta} d_3)\right] \right\} \mathrm{d}\kappa \tag{2-91}$$

最后利用光强起伏时间频率谱的表达式(2-85)，和本书建立的高斯光束光强起伏时间协方差模型(2-91)，可得弱起伏条件下的高斯光束光强起伏时间频率谱理论模型：

$$W_{\mathrm{I}}(\omega, r, \alpha) = 32\pi^2 k^2 L d_2 d_3 \int_0^\infty \int_0^\infty \kappa \Phi_n(\kappa, \alpha) \exp\left(-\frac{\Lambda L d_3^2 \kappa^2}{k}\right) J_0(\kappa v_\perp t)$$

$$\cos(\omega t) \left\{ I_0(2\Lambda\kappa d_3 r) - \cos\left[\frac{L\kappa^2}{k} d_3(1 - \bar{\Theta} d_3)\right] \right\} \mathrm{d}\kappa \mathrm{d}t \tag{2-92}$$

需要注意的是，高斯光束光强起伏时间频率谱表达式(2-92)仅适用于弱起伏条件下的 Kolmogorov 湍流，对于 Non-Kolmogorov 湍流该式不适用。

考虑到大气湍流的复杂物理成因及许多大气外场测量实验的实验结果，科学家们相信，虽然 Kolmogorov 湍流是重要的，但它实际上只是 Non-Kolmogorov 湍流在功率谱幂律 α 等于 11/3 时的一种湍流状态，而功率谱幂律 α 应该是一个随大气状态变化的物理量，并不是一个固定值。为使问题与实际情况符合，在描述水平链路大气湍流对高斯光束光强起伏时间频率谱影响时，需要建立弱起伏条件下 Non-Kolmogorov 湍流高斯光束光强起伏时间频率谱的理论模型。

为了简化推导过程，在这里使用不考虑内外尺度的 Non-Kolmogorov 湍流薄相位屏功率谱模型

$$\Phi_n(\kappa, \alpha) = f(\alpha)\kappa^{-\alpha} \tag{2-93}$$

式中，$f(\alpha)$ 的具体形式见式(2-82)。

利用 Non-Kolmogorov 湍流薄相位屏功率谱模型(2-93)，同时考虑本书建立的 Kolmogorov 湍流高斯光束光强起伏时间频率谱模型(2-92)，建立了弱起伏条件下的 Non-Kolmogorov 湍流高斯光束光强起伏时间频率谱理论模型：

$$W_{\mathrm{I}}(\omega, r, \alpha) = 32 f(\alpha) \pi^2 k^2 L d_2 d_3 \int_0^\infty \int_0^\infty \kappa^{1-\alpha} \exp\left(-\frac{\Lambda L d_3^2 \kappa^2}{k}\right) J_0(\kappa v_\perp t)$$

$$\cos(\omega t) \left\{ I_0(2\Lambda\kappa d_3 r) - \cos\left[\frac{L\kappa^2}{k} d_3 (1 - \bar{\Theta} d_3)\right] \right\} \mathrm{d}\kappa \mathrm{d}t \tag{2-94}$$

为了便于解释，通常将高斯光束光强起伏时间频率谱表示成纵向分量和横向分量和的形式：

$$W_{\mathrm{I}}(\omega, r, \alpha) = W_{\mathrm{I,l}}(\omega, \alpha) + W_{\mathrm{I,r}}(\omega, r, \alpha) \tag{2-95}$$

式中，$W_{\mathrm{I,l}}(\omega, \alpha)$ 为高斯光束光强起伏时间频率谱的纵向分量；$W_{\mathrm{I,r}}(\omega, r, \alpha)$ 为高斯光束光强起伏时间频率谱的横向分量。它们具有如下形式

$$W_{\mathrm{I,l}}(\omega, \alpha) = 32 f(\alpha) \pi^2 k^2 L d_2 d_3 \int_0^\infty \int_0^\infty \kappa^{1-\alpha} \exp\left(-\frac{\Lambda L d_3^2 \kappa^2}{k}\right) J_0(\kappa v_\perp t)$$

$$\cos(\omega t) \left\{ 1 - \cos\left[\frac{L\kappa^2}{k} d_3 (1 - \bar{\Theta} d_3)\right] \right\} \mathrm{d}\kappa \mathrm{d}t \tag{2-96}$$

$$W_{\mathrm{I,r}}(\omega, r, \alpha) = 32 f(\alpha) \pi^2 k^2 L d_2 d_3 \int_0^\infty \int_0^\infty \kappa^{1-\alpha} \exp\left(-\frac{\Lambda L d_3^2 \kappa^2}{k}\right) J_0(\kappa v_\perp t)$$

$$\cos(\omega t) \left[I_0(2\Lambda\kappa d_3 r) - 1 \right] \mathrm{d}\kappa \mathrm{d}t \tag{2-97}$$

利用积分关系恒等式

$$\int_0^\infty J_0(ax) \cos(bx) \mathrm{d}x = \begin{cases} (a^2 - b^2)^{-\frac{1}{2}}, & 0 < b < a \\ 0, & b > a \end{cases} \tag{2-98}$$

对式(2-96)和式(2-97)中时间变量 t 进行积分可得

$$W_{\mathrm{I,l}}(\omega, \alpha) = 32 f(\alpha) \pi^2 k^2 L d_2 d_3 \int_{\omega/v_\perp}^\infty \kappa^{1-\alpha} \exp\left(-\frac{\Lambda L d_3^2 \kappa^2}{k}\right) (\kappa^2 v_\perp^2 - $$

$$\omega^2)^{-\frac{1}{2}} \left\{ 1 - \cos\left[\frac{L\kappa^2}{k} d_3 (1 - \bar{\Theta} d_3)\right] \right\} \mathrm{d}\kappa \tag{2-99}$$

$$W_{\mathrm{I,r}}(\omega, r, \alpha) = 32 f(\alpha) \pi^2 k^2 L d_2 d_3 \int_{\omega/v_\perp}^\infty \kappa^{1-\alpha} \exp\left(-\frac{\Lambda L d_3^2 \kappa^2}{k}\right) (\kappa^2 v_\perp^2 - $$

$$\omega^2)^{-\frac{1}{2}} \left[I_0(2\Lambda\kappa d_3 r) - 1 \right] \mathrm{d}\kappa \tag{2-100}$$

利用积分关系恒等式(2-18)和第一类修正贝塞尔函数的级数展开式(2-22)，对式(2-99)和式(2-100)进行积分可得

$$W_{I,1}(\omega,\alpha)=16f(\alpha)\pi^2k^2Ld_2d_3\frac{\omega^{1-\alpha}}{v_\perp^{2-\alpha}}\Gamma\left(\frac{1}{2}\right)$$

$$\mathrm{Re}\left[\exp\left(-\frac{\Lambda Ld_3^2\omega^2}{kv_\perp^2}\right)U\left(\frac{1}{2};\frac{3}{2}-\frac{\alpha}{2};\frac{\Lambda Ld_3^2\omega^2}{kv_\perp^2}\right)-\right. \quad (2-101)$$

$$\left.\exp\left(-\frac{a_1L\omega^2}{kv_\perp^2}\right)U\left(\frac{1}{2};\frac{3}{2}-\frac{\alpha}{2};\frac{a_1L\omega^2}{kv_\perp^2}\right)\right]$$

$$W_{I,r}(\omega,r,\alpha)=16f(\alpha)\pi^2k^2Ld_2d_3\frac{\omega^{1-\alpha}}{v_\perp^{2-\alpha}}\Gamma\left(\frac{1}{2}\right)\times$$

$$\sum_{n=1}^{\infty}\frac{(\Lambda d_3r\omega)^{2n}}{(n!)^2v_\perp^{2n}}\exp\left(-\frac{\Lambda Ld_3^2\omega^2}{kv_\perp^2}\right)U\left(\frac{1}{2};n+\frac{3}{2}-\frac{\alpha}{2};\frac{\Lambda Ld_3^2\omega^2}{kv_\perp^2}\right)$$

$$(2-102)$$

式中，$a_1=id_3[1-(\overline{\Theta}+i\Lambda)d_3]$。

最后利用 Non-Kolmogorov 湍流折射率结构常数 $\widetilde{C}_n^2$ 和 Non-Kolmogorov 湍流薄相位屏折射率结构常数 $\widetilde{c}_n^2$ 的关系式(2-84)，近似公式

$$U(a;c;z)=\frac{\Gamma(1-c)}{\Gamma(1+a-c)}\,_1F_1(a;c;z)+\frac{\Gamma(c-1)}{\Gamma(a)}z^{1-c}\,_1F_1(1+a-c;2-c;z)$$

$$(2-103)$$

$$e^{-z}\,_1F_1(a;c;z)=\,_1F_1(c-a;c;-z) \quad (2-104)$$

式中，$_1F_1(a;c;z)$ 为第一类合流超几何函数，可得适用于弱起伏情况的水平链路 Non-Kolmogorov 湍流高斯光束光强起伏时间频率谱

$$W_I(\omega,r,\alpha)=W_{I,1}(\omega,\alpha)+W_{I,r}(\omega,r,\alpha) \quad (2-105)$$

式中

$$W_{I,1}(\omega,\alpha)=\frac{32h(\alpha)\pi^2k^{3-\frac{\alpha}{2}}L^{\frac{\alpha}{2}}}{\alpha\omega_0d_3^{\frac{\alpha}{2}-1}}\times$$

$$\mathrm{Re}\left\{\frac{\Gamma\left(\frac{1}{2}\right)\Gamma\left(\frac{\alpha}{2}-\frac{1}{2}\right)}{\Gamma\left(\frac{\alpha}{2}\right)}\left(\frac{\omega}{\omega_0}\right)^{1-\alpha}\left[\,_1F_1\left(1-\frac{\alpha}{2};\frac{3}{2}-\frac{\alpha}{2};-\frac{\Lambda d_3^2\omega^2}{\omega_0^2}\right)-\right.\right.$$

$$
{}_1F_1\left(1-\frac{\alpha}{2};\ \frac{3}{2}-\frac{\alpha}{2};\ -\frac{a_1\omega^2}{\omega_0^2}\right)\Bigg] +
$$

$$
\Gamma\left(\frac{1}{2}-\frac{\alpha}{2}\right)\Bigg[\ (\Lambda d_3^2)^{\frac{\alpha}{2}-\frac{1}{2}}{}_1F_1\left(\frac{1}{2};\ \frac{\alpha}{2}+\frac{1}{2};\ -\frac{\Lambda d_3^2\omega^2}{\omega_0^2}\right)-
$$

$$
a^{\frac{\alpha}{2}-\frac{1}{2}}\ {}_1F_1\left(\frac{1}{2};\ \frac{\alpha}{2}+\frac{1}{2};\ -\frac{a_1\omega^2}{\omega_0^2}\right)\Bigg]\Bigg\} \tag{2-106}
$$

$$
W_{\mathrm{I,r}}(\omega,\ r,\ \alpha)=\frac{32h(\alpha)\pi^2 k^{3-\frac{\alpha}{2}}L^{\frac{\alpha}{2}}}{\alpha\omega_0 d_3^{\frac{\alpha}{2}-1}}\left(\frac{\omega}{\omega_0}\right)^{1-\alpha}\times
$$

$$
\sum_{n=1}^{\infty}\frac{(2\Lambda d_3^2)^n}{(n!)^2}\left(\frac{r}{W}\right)^{2n}\left(\frac{\omega}{\omega_0}\right)^{2n}\Bigg[\frac{\Gamma\left(\frac{1}{2}\right)\Gamma\left(\frac{\alpha}{2}-n-\frac{1}{2}\right)}{\Gamma\left(\frac{\alpha}{2}-n\right)}{}_1F_1\Big(n+
$$

$$
1-\frac{\alpha}{2};\ n+\frac{3}{2}-\frac{\alpha}{2};\ -\frac{\Lambda d_3^2\omega^2}{\omega_0^2}\Big)+\Gamma\left(n+\frac{1}{2}-\frac{\alpha}{2}\right)
$$

$$
\left(\frac{\Lambda d_3^2\omega^2}{\omega_0^2}\right)^{\frac{\alpha}{2}-n-\frac{1}{2}}{}_1F_1\left(\frac{1}{2};\ \frac{\alpha}{2}+\frac{1}{2}-n;\ -\frac{\Lambda d_3^2\omega^2}{\omega_0^2}\right)\Bigg] \tag{2-107}
$$

式中，$h(\alpha)$ 的具体形式见式（2-11），$\omega_0=v_\perp\ (L/k)^{-1/2}$。

需要指出的是，当 $\alpha=11/3$ 时，式（2-105）与 Kolmogorov 湍流的高斯光束光强起伏时间频率谱一致，从而验证了所得结果的正确性。

下面基于得到的水平链路 Non-Kolmogorov 大气湍流高斯光束光强起伏时间频率谱的解析表达式，分析发射端曲率参数 Θ_0，发射端 Fresnel 比率 Λ_0，功率谱幂律 α 和位置比率 r/W 对高斯光束光强起伏时间频率谱的影响。为了简化分析，在数值仿真中本书引入了归一化光强起伏时间频率谱 $\omega_0 W_1(\omega,\ r,\ \alpha)/\sigma_R^2(\alpha)$ [137]。

图 2-20 给出了不同发射端曲率参数 Θ_0 的高斯光束归一化光强起伏时间频率谱。从图 2-20 中可以发现，对于不同的发射端曲率参数 Θ_0，光强起伏的时间频率谱在低频区（$\omega<\omega_0$）近似为常数，基本保持不变；而在高频区（$\omega>\omega_0$），随着频率的增加急剧下降到接近于零。从图中还可以发现，对于某一个固定的频率比 ω/ω_0，光强起伏的时间频率谱会随着发射端曲率参数 Θ_0 的增加而增大。

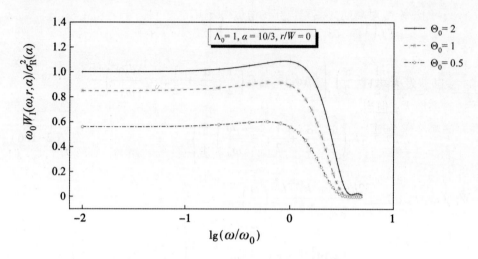

图 2-20   不同 Θ_0 的归一化光强起伏时间频率谱

此外，当发射端曲率参数 Θ_0 增加时，光强起伏时间频率谱高频区谱线斜率也相应减小。

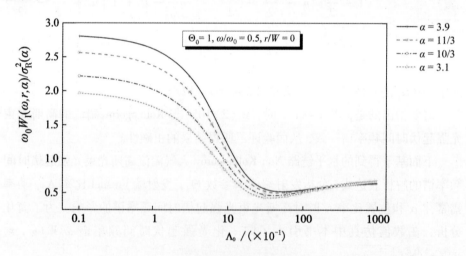

图 2-21   不同 α 时，归一化光强起伏时间频率谱随 Fresnel 比率 Λ_0 的变化曲线

图 2-21 给出了不同功率谱幂律 α 时高斯光束归一化光强起伏时间频率谱随发射端 Fresnel 比率 Λ_0 的变化曲线。从图 2-21 中可以发现，对于某一个固定的功率谱幂律 α，光强起伏时间频率谱先随着发射端 Fresnel 比率 Λ_0 的增加而减小，在 $\Lambda_0 = \Lambda_m$ 处达到极小值，然后开始缓慢增加。为了进一步分析发射端

Fresnel 比率 Λ_0 对高斯光束光强起伏时间频率谱的影响，对 $\Lambda_0 < \Lambda_m$ 和 $\Lambda_0 > \Lambda_m$ 的情况下，不同发射端 Fresnel 比率 Λ_0 的高斯光束归一化光强起伏时间频率谱分别进行了计算，结果如图 2-22 和图 2-23 所示。从图中可以发现，当 $\Lambda_0 < \Lambda_m$ 时，随着发射端 Fresnel 比率 Λ_0 的增加，光强起伏的时间频率谱减小，高频区谱线斜率增大；但当 $\Lambda_0 > \Lambda_m$ 时，随着发射端 Fresnel 比率 Λ_0 的增加，光强起伏的时间频率谱会增大，而高频区谱线斜率则会相应减小。此外，对于不同的发射端 Fresnel 比率 Λ_0，光强起伏的时间频率谱也在低频区（$\omega < \omega_0$）近似为常数，而在高频区（$\omega > \omega_0$）随着频率的增加急剧下降到接近于零。

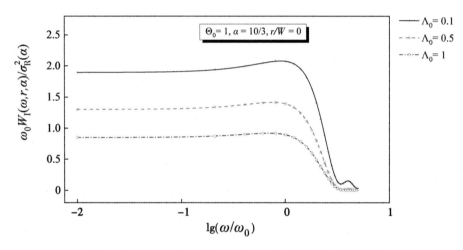

图 2-22　$\Lambda_0 < \Lambda_m$ 时，不同 Λ_0 的归一化光强起伏时间频率谱

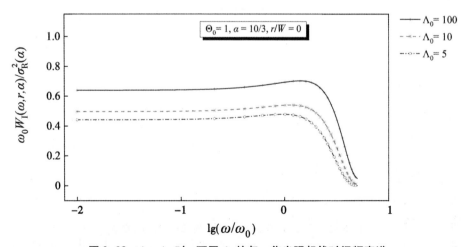

图 2-23　$\Lambda_0 > \Lambda_m$ 时，不同 Λ_0 的归一化光强起伏时间频率谱

图 2-24 给出了不同功率谱幂律 α 的高斯光束归一化光强起伏时间频率谱。由图中可知，对于不同的功率谱幂律 α，光强起伏的时间频率谱在低频区（$\omega < \omega_0$）近似为常数，而在高频区（$\omega > \omega_0$），随着频率的增加急剧下降到接近于零。随着功率谱幂律 α 的增加，光强起伏的时间频率谱增大，高频区谱线斜率减小。这一结论与文献[77]中平面波和球面波光强起伏时间频率谱的结论一致。

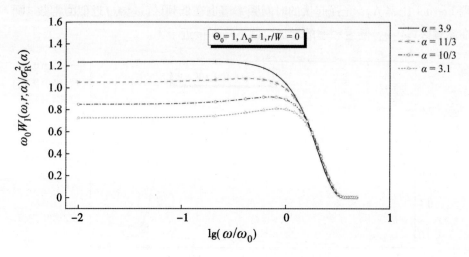

图 2-24 不同 α 的归一化光强起伏时间频率谱

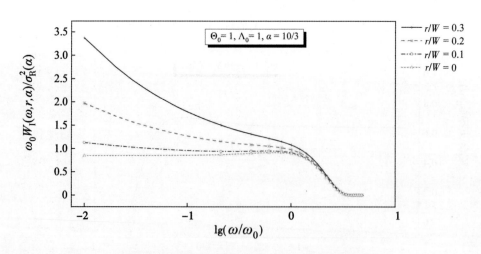

图 2-25 不同 r/W 的归一化光强起伏时间频率谱

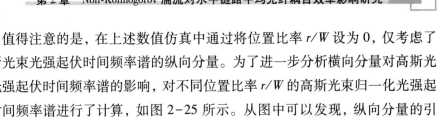

值得注意的是，在上述数值仿真中通过将位置比率 r/W 设为 0，仅考虑了高斯光束光强起伏时间频率谱的纵向分量。为了进一步分析横向分量对高斯光束光强起伏时间频率谱的影响，对不同位置比率 r/W 的高斯光束归一化光强起伏时间频率谱进行了计算，如图 2-25 所示。从图中可以发现，纵向分量的引入使光强起伏时间频率谱在低频区增大，所以，离轴情况下的光强起伏时间频率谱大于在轴情况下的光强起伏时间频率谱。这一结论与 Shelton 等人[146] 的星地链路大气实验结果一致。此外，随着位置比率 r/W 的增加，光强起伏的时间频率谱增大，高频区谱线斜率减小。

2.4　本章小结

本章首先建立了基于 Non-Kolmogorov 湍流的水平链路空间光至单模光纤平均耦合效率理论模型，利用有效参数法，分别给出了在弱起伏和强起伏条件下均适用的平面波、球面波和高斯光束平均光纤耦合效率的理论表达式。与基于 Kolmogorov 湍流的理论模型相比，增加了对功率谱幂律 α 的考虑，更全面地描述了水平链路大气湍流对单模光纤平均耦合效率的影响。利用得到的理论表达式进行了数值分析，研究结果表明：在水平链路中，单模光纤平均耦合效率受到功率谱幂律 α 的制约。平面波、球面波和高斯光束的最佳耦合效率均会随着功率谱幂律 α 的增加而单调减小，而相应的，最佳耦合参数则会随着功率谱幂律 α 的增加而单调增大。

其次，建立了基于 Non-Kolmogorov 湍流的水平链路高斯光束光强起伏时间频率谱理论模型，利用薄相位屏法，给出了弱起伏条件下高斯光束经过水平 Non-Kolmogorov 湍流后光强起伏时间频率谱的解析表达式。与基于平面波和球面波的理论模型相比，增加了对发射端曲率参数 Θ_0 和发射端 Fresnel 比率 Λ_0 的考虑，更全面地描述了水平链路大气湍流对发射激光束光强起伏时间频率谱的影响。利用得到的理论表达式进行了数值分析，研究结果表明：在水平链路中，高斯光束光强起伏时间频率谱受到发射端曲率参数 Θ_0、发射端 Fresnel 比率 Λ_0 的制约。随着发射端 Fresnel 比率 Λ_0 的增加，高斯光束光强起伏时间频率谱在 $\Lambda_0 = \Lambda_m$ 处存在极小值，当 $\Lambda_0 < \Lambda_m$ 时，随着发射端 Fresnel 比率 Λ_0 的增加，时间

频率谱减小，高频区谱线斜率增大，而当 $\Lambda_0 > \Lambda_m$ 时，则相反。此外，随着发射端曲率参数 Θ_0 的增加，光强起伏时间频率谱增大，高频区谱线斜率减小。

本章的理论工作进一步扩展了大气湍流影响下水平链路空间光至单模光纤耦合理论，并为实验测量功率谱幂律 α 提供了理论依据。

第 3 章　Non-Kolmogorov 湍流对星地链路平均光纤耦合效率影响研究

对于星地链路而言，地球大气层是其通信信道的一部分，信号光在星地传输过程中将产生波前相位畸变且空间相干性受到破坏，使接收端光场发生随机变化，且与单模光纤模场的匹配程度降低，导致空间光至单模光纤耦合效率受到限制，并随机起伏。在现有的研究工作中，已建立了基于 Kolmogorov 湍流的星地链路光纤耦合效率理论模型[147]，但该理论模型中并未考虑功率谱幂律 α 的影响。由于在星地链路中 Non-Kolmogorov 湍流是更接近大气湍流实际情况的理想模型，功率谱幂律 α 的改变将对信号光传输造成影响，使接收端处的入射光场发生变化，对单模光纤耦合效率产生影响，进而影响激光通信系统的通信质量。因此，研究功率谱幂律 α 对星地链路空间光至单模光纤耦合效率的影响至关重要。

本章针对上述问题，从功率谱幂律 α 出发，建立了在弱起伏和强起伏条件下均适用的 Non-Kolmogorov 湍流下星地链路平均光纤耦合效率理论模型，显示了星地链路中功率谱幂律 α 对系统平均光纤耦合效率的影响。

现有的研究工作中大气湍流模型为 Kolmogorov 湍流，本书增加了功率谱幂律 α 这一重要参数，考虑大气湍流模型为更接近星地链路实际情况的 Non-Kolmogorov 湍流。基于星地链路 Non-Kolmogorov 湍流模型，给出了在弱起伏和强起伏条件下均适用的下行链路和上行链路平均光纤耦合效率的理论表达式。

3.1　星地链路 Non-Kolmogorov 湍流模型

不同于水平链路，在星地链路中大气湍流折射率结构常数会随着海拔高度的变化而变化，目前应用最为广泛的星地链路折射率结构常数模型是基于 Kolmogorov 湍流的 Hufnagel-Valley 5/7 模型[137]。

考虑到大气湍流的复杂物理成因及许多大气外场测量实验的实验结果,科学家们相信,虽然 Kolmogorov 湍流是重要的,但它实际上只是 Non-Kolmogorov 湍流在功率谱幂律 α 等于 11/3 时的一种湍流状态,而功率谱幂律 α 应该是一个随大气状态变化的物理量,并不是一个固定值。

为了研究功率谱幂律 α 及湍流内外尺度对星地链路的影响,本书用 C_n^2 作为表征大气湍流强度的物理量,同时考虑了 $\widetilde{C}_n^2$ 和 C_n^2 之间的等价性,建立了星地链路的 Non-Kolmogorov 湍流折射率起伏功率谱模型:

$$\Phi_n(\kappa) = A(\alpha)\widetilde{C}_n^2(h)\frac{\exp\left(-\dfrac{\kappa^2}{\kappa_m^2}\right)}{(\kappa^2 + \kappa_0^2)^{\frac{\alpha}{2}}}, \quad 3 < \alpha < 4 \tag{3-1}$$

式中,$A(\alpha) = \Gamma(\alpha-1)\cos(\alpha\pi/2)/(4\pi^2)$,其中,$\Gamma(x)$ 表示伽玛函数;$\widetilde{C}_n^2$ 为 Non-Kolmogorov 湍流折射率结构常数,单位为 $m^{3-\alpha}$;$\kappa_0 = 2\pi/L_0$,$\kappa_m = c(\alpha)/l_0$,且 $c(\alpha)$ 是功率谱幂律 α 的函数,具有如下形式:

$$c(\alpha) = \left[\Gamma\left(\frac{5-\alpha}{2}\right)A(\alpha)\left(\frac{2\pi}{3}\right)\right]^{\frac{1}{\alpha-5}} \tag{3-2}$$

对于星地链路,Non-Kolmogorov 湍流折射率结构常数 $\widetilde{C}_n^2$,湍流外尺度 L_0 和湍流内尺度 l_0 均会随着海拔高度的变化而变化,其分别具有如下形式[148-149]:

$$\widetilde{C}_n^2(h) = \frac{0.033}{A(\alpha)}\left(\frac{k\cos\zeta}{h}\right)^{\frac{\alpha}{2}-\frac{11}{6}}\left[0.00594\left(\frac{w}{27}\right)^2(10^{-5}h)^{10}\right.$$

$$\left.\exp\left(-\frac{h}{1000}\right) + 2.7\times10^{-16}\exp\left(-\frac{h}{1500}\right) + C_n^2(0)\exp\left(-\frac{h}{100}\right)\right] \tag{3-3}$$

$$L_0(h) = \frac{20}{1 + \left(\dfrac{h-7500}{2500}\right)^2} \tag{3-4}$$

$$l_0(h) = \frac{0.05}{1 + \left(\dfrac{h-7500}{2500}\right)^2} \tag{3-5}$$

式中,h——海拔高度,m;

ζ——天顶角；

w——星地链路的平均风速，m/s；

$C_n^2(0)$——在 $h=0$ 处 C_n^2 的典型值，$\mathrm{m}^{-2/3}$。

3.2　Non-Kolmogorov 湍流下星地链路的平均光纤耦合效率

在星地链路中，空间光至单模光纤的平均耦合效率定义为耦合进单模光纤光功率的均值 $\langle P_c \rangle$ 与系统接收光功率的均值 $\langle P_a \rangle$ 的比值，其具有如下形式[131]：

$$\eta = \frac{\langle P_c \rangle}{\langle P_a \rangle} = \frac{\left\langle \left| \int_A U_i(\boldsymbol{r}) U_m^*(\boldsymbol{r}) \mathrm{d}\boldsymbol{r} \right|^2 \right\rangle}{\left\langle \int_A |U_i(\boldsymbol{r})|^2 \mathrm{d}\boldsymbol{r} \right\rangle} \tag{3-6}$$

式中，$U_i(\boldsymbol{r})$ 为随机起伏的入射光束在入射光瞳面 A 横向坐标矢量 $\boldsymbol{r}$ 处的光场；$U_m^*(\boldsymbol{r})$ 为后向传输到入射光瞳面 A 处归一化单模光纤模场的复共轭；$< >$ 表示系综平均。星地激光通信链路中信号光到单模光纤耦合系统结构如图 3-1 所示。

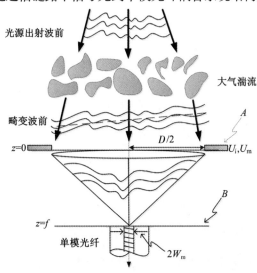

图 3-1　星地激光通信链路中，信号光到单模光纤耦合示意图

需要指出的是，平均耦合效率的计算可以在入射光瞳面 A 与光纤端面 B 之间的任何一个平面上进行，为了方便计算，选择在入射光瞳面 A 处进行平均耦合效率计算。将式(3-6)中分子表达式进行分解，得出的结果如下：

$$\eta = \frac{1}{\langle P_a \rangle} \iint_A \Gamma_i(\boldsymbol{r}_1, \boldsymbol{r}_2) U_m^*(\boldsymbol{r}_1) U_m(\boldsymbol{r}_2) \, \mathrm{d}\boldsymbol{r}_1 \mathrm{d}\boldsymbol{r}_2 \qquad (3-7)$$

式中，$\Gamma_i(\boldsymbol{r}_1, \boldsymbol{r}_2)$ 为入射光场的互相干函数，其具有如下形式：

$$\Gamma_i(\boldsymbol{r}_1, \boldsymbol{r}_2) = \langle U_i(\boldsymbol{r}_1) U_i^*(\boldsymbol{r}_2) \rangle \qquad (3-8)$$

假设光纤端面位于接收系统的焦平面且位于系统光轴中心以获得最大的耦合效率，则在光瞳面上的归一化单模光纤后向传输模场分布具有如下形式[131]：

$$U_m(\boldsymbol{r}) = \frac{kW_m}{\sqrt{2\pi} f} \exp\left[-\left(\frac{kW_m}{2f} \right)^2 r^2 \right] \qquad (3-9)$$

式中，W_m——光纤端面处的单模光纤模场半径；

　　　　f——接收系统焦距。

星地链路是不同于水平链路的复杂大气链路，其大气折射率结构常数和湍流内外尺度均会随着海拔高度的变化而变化。但由式(3-7)可知，与水平链路相同，建立大气湍流影响下星地链路平均光纤耦合效率理论模型的关键同样是获得入射光场的互相干函数。目前，已建立了基于 Kolmogorov 湍流的星地链路互相干函数理论模型[137]；，Non-Kolmogorov 湍流互相干函数理论模型还没有人进行研究，而基于 Non-Kolmogorov 湍流的星地链路单模光纤耦合效率理论模型也亟须建立，下面本书将围绕以上问题建立理论模型。

另外，在 Kolmogorov 湍流理论模型中，并未考虑功率谱幂律 α 的影响。由于在星地链路中入射光束的空间相干半径会随着功率谱幂律 α 的增加而单调减小[140]，功率谱幂律 α 对入射光场互相干函数将产生影响，且不容忽视。

为此，本书建立了基于 Non-Kolmogorov 湍流的星地链路互相干函数理论模型，同时考虑了功率谱幂律 α 的影响，建立了大气湍流影响下星地链路单模光纤平均耦合效率表达式。为使问题简化，将下行链路和上行链路入射光场分别近似为平面波和球面波，建立了互相干函数的解析表达式。

3.2.1　星地下行链路平均光纤耦合效率建模分析

在星地下行链路中，卫星激光通信终端发射的信号光经过长距离真空传输

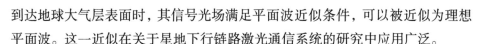

到达地球大气层表面时，其信号光场满足平面波近似条件，可以被近似为理想平面波。这一近似在关于星地下行链路激光通信系统的研究中应用广泛。

基于 Rytov 近似，星地下行链路互相干函数具有如下形式[137]：

$$\Gamma_i(\boldsymbol{r}_1, \boldsymbol{r}_2)_{\text{downlink}} = \exp\left\{-4\pi^2 k^2 \sec(\zeta) \int_{h_0}^{H} \int_0^\infty \kappa \Phi_n(\kappa)\right] 1 - J_0(\kappa \mid \boldsymbol{r}_1 - \boldsymbol{r}_2 \mid)] \mathrm{d}\kappa \mathrm{d}h\right\}$$

$$(3-10)$$

式中，L——链路距离；

$\Phi_n(\kappa)$——折射率起伏功率谱；

h_0——地面接收端的海拔高度；

H——卫星高度，$H = h_0 + L\cos(\zeta)$；

$J_0(x)$——第一类贝塞尔函数。

Andrews 等人[137]的研究结果表明星地下行链路的互相干函数表达式(3-10)在弱起伏和强起伏 Kolmogorov 湍流情况下均适用。但需要注意的是，对于 Non-Kolmogorov 湍流上式则不适用。

考虑到大气湍流的复杂物理成因及许多大气外场测量实验的实验结果，科学家们相信，虽然 Kolmogorov 湍流是重要的，但它实际上只是 Non-Kolmogorov 湍流在功率谱幂律 α 等于 11/3 时的一种湍流状态，而功率谱幂律 α 应该是一个随大气状态变化的物理量，并不是一个固定值。

为使问题与实际情况符合，在描述星地下行链路大气湍流对单模光纤平均耦合效率影响时，利用本书建立的星地链路 Non-Kolmogorov 湍流折射率起伏功率谱模型(3-1)，同时考虑了 Kolmogorov 湍流星地下行链路互相干函数模型(3-10)，建立了在弱起伏和强起伏条件下均适用的 Non-Kolmogorov 湍流星地下行链路互相干函数理论模型：

$$\Gamma_i(\boldsymbol{r}_1, \boldsymbol{r}_2, \alpha)_{\text{downlink}} = \exp\left\{-4\pi^2 k^2 \sec(\zeta) \times \int_{h_0}^{H} \int_0^\infty A(\alpha) \widetilde{C}_n^2(h)\right.$$

$$\kappa (\kappa^2 + \kappa_0^2)^{-\frac{\alpha}{2}} \exp\left(-\frac{\kappa^2}{\kappa_m^2}\right) \mathrm{d}\kappa \mathrm{d}h + 4\pi^2 k^2 \sec(\zeta) \times$$

$$\int_{h_0}^{H} \int_0^\infty A(\alpha) \widetilde{C}_n^2(h) \kappa (\kappa^2 + \kappa_0^2)^{-\frac{\alpha}{2}} \exp\left(-\frac{\kappa^2}{\kappa_m^2}\right)$$

$$\left. J_0(\kappa \mid \boldsymbol{r}_1 - \boldsymbol{r}_2 \mid) \mathrm{d}\kappa \mathrm{d}h\right\}$$

$$(3-11)$$

利用积分关系恒等式

$$U(a;c;z) = \frac{1}{\Gamma(a)} \int_0^\infty e^{-zt} t^{a-1} (1+t)^{c-a-1} dt, \quad a > 0, \quad \text{Re}(z) > 0$$

(3-12)

和第一类贝塞尔函数的级数展开式

$$J_p(x) = \sum_{n=0}^\infty \frac{(-1)^n \left(\dfrac{x}{2}\right)^{2n+p}}{n! \; \Gamma(n+p+1)}, \quad |x| < \infty \tag{3-13}$$

式中，$U(a;c;z)$ 为第二类合流超几何函数；p 表示第一类贝塞尔函数的阶数，对式(3-11)进行积分可得

$$\Gamma_i (\boldsymbol{r}_1, \boldsymbol{r}_2, \alpha)_{\text{downlink}} = \exp\left\{ -2\pi^2 k^2 \sec(\zeta) \int_{h_0}^H A(\alpha) \widetilde{C}_n^2(h) \right.$$

$$U\left(1; 2-\frac{\alpha}{2}; \frac{\kappa_0^2}{\kappa_m^2}\right) \kappa_0^{2-\alpha} dh + 2\pi^2 k^2 \sec(\zeta)$$

$$\int_{h_0}^H A(\alpha) \widetilde{C}_n^2(h) \kappa_0^{2-\alpha} \times \sum_{n=0}^\infty \frac{(-1)^n \left(|\boldsymbol{r}_1 - \boldsymbol{r}_2|^2 \dfrac{\kappa_0^2}{4}\right)^n}{n!}$$

$$\left. U\left(n+1; n+2-\frac{\alpha}{2}; \frac{\kappa_0^2}{\kappa_m^2}\right) dh \right\}$$

(3-14)

对于 Non-Kolmogorov 大气湍流，条件 $\kappa_0^2/\kappa_m^2 \ll 1$，可近似等价于条件 $(l_0/L_0)^2 \ll 1$，所以条件 $\kappa_0^2/\kappa_m^2 \ll 1$ 一直成立。然后利用近似公式

$$U(a;c;z) \sim \frac{\Gamma(1-c)}{\Gamma(1+a-c)} + \frac{\Gamma(c-1)}{\Gamma(\alpha)} z^{1-c}, \quad |z| \ll 1 \tag{3-15}$$

第一类修正贝塞尔函数的级数展开式

$$I_p(x) = \sum_{n=0}^\infty \frac{\left(\dfrac{x}{2}\right)^{2n+p}}{n! \; \Gamma(n+p+1)}, \quad |x| < \infty \tag{3-16}$$

和第一类合流超几何函数的级数展开式

$$_1F_1(a;c;z) = \sum_{n=0}^\infty \frac{(a)_n}{(c)_n} \frac{z^n}{n!}, \quad |z| < \infty \tag{3-17}$$

式中，p 表示第一类修正贝塞尔函数的阶数，对式(3-14)积分可得

$$\Gamma_i(\boldsymbol{r}_1, \boldsymbol{r}_2, \alpha)_{downlink} = \exp\left\{ -2\pi^2 k^2 \sec(\zeta) \int_{h_0}^{H} A(\alpha)\widetilde{C}_n^2(h) \right.$$

$$\left(\frac{\Gamma\left(\frac{\alpha}{2}-1\right)}{\Gamma\left(\frac{\alpha}{2}\right)}\kappa_0^{2-\alpha} + \frac{\Gamma\left(1-\frac{\alpha}{2}\right)}{\Gamma(1)}\kappa_m^{2-\alpha} \right) dh +$$

$$2\pi^2 k^2 \sec(\zeta) \int_{h_0}^{H} A(\alpha)\widetilde{C}_n^2(h)\Gamma\left(1-\frac{\alpha}{2}\right)$$

$${}_1F_1\left(1-\frac{\alpha}{2}; 1; -\frac{|\boldsymbol{r}_1 - \boldsymbol{r}_2|^2\kappa_m^2}{4}\right)\kappa_m^{2-\alpha}dh -$$

$$2\pi^2 k^2 \sec(\zeta) \int_{h_0}^{H} A(\alpha)\widetilde{C}_n^2(h)\Gamma\left(1-\frac{\alpha}{2}\right)$$

$$\left.\left(\frac{|\boldsymbol{r}_1 - \boldsymbol{r}_2|\kappa_0}{2}\right)^{\frac{\alpha}{2}-1} I_{1-\frac{\alpha}{2}}\left(\frac{|\boldsymbol{r}_1 - \boldsymbol{r}_2|\kappa_0}{2}\right)\kappa_0^{2-\alpha}dh \right\}$$

$$(3-18)$$

最后利用近似公式

$$ {}_1F_1(a; c; -z) \sim \frac{\Gamma(c)}{\Gamma(c-a)}z^{-a}, \quad \mathrm{Re}(z) \gg 1 \qquad (3-19)$$

和

$$ I_p(x) \sim \frac{\left(\frac{x}{2}\right)^p}{\Gamma(1+p)}, \quad p \neq -1, -2, -3, \cdots, \quad z \to 0^+ \qquad (3-20)$$

对式(3-18)积分，可得在弱起伏和强起伏条件下均适用的 Non-Kolmogorov 大气湍流星地下行链路的互相干函数：

$$\Gamma_i(\boldsymbol{r}_1, \boldsymbol{r}_2, \alpha)_{downlink} = \exp(M_{downlink}|\boldsymbol{r}_1 - \boldsymbol{r}_2|^{\alpha-2} - B_{downlink}), \quad l_0 \ll |\boldsymbol{r}_1 - \boldsymbol{r}_2| \ll L_0$$

$$(3-21)$$

式中

$$M_{downlink} = 2^{3-\alpha}\pi^2 k^2 \sec(\zeta) \frac{\Gamma\left(1-\frac{\alpha}{2}\right)}{\Gamma\left(\frac{\alpha}{2}\right)} \int_{h_0}^{H} A(\alpha)\widetilde{C}_n^2(h)dh \qquad (3-22)$$

$$B_{\text{downlink}} = 2\pi^2 k^2 \sec(\zeta) \int_{h_0}^{H} A(\alpha) \widetilde{C}_n^2(h) \frac{\Gamma\left(1 - \dfrac{\alpha}{2}\right)}{\Gamma(1)} \kappa_m^{2-\alpha} dh +$$

$$2\pi^2 k^2 \sec(\zeta) \int_{h_0}^{H} A(\alpha) \widetilde{C}_n^2(h) \left(\frac{\Gamma\left(\dfrac{\alpha}{2} - 1\right)}{\Gamma\left(\dfrac{\alpha}{2}\right)} + \frac{\Gamma\left(1 - \dfrac{\alpha}{2}\right)}{\Gamma\left(2 - \dfrac{\alpha}{2}\right)} \right) \kappa_0^{2-\alpha} dh \quad (3-23)$$

限制条件 $l_0 \ll | \boldsymbol{r}_1 - \boldsymbol{r}_2 | \ll L_0$ 经常应用于互相干函数的推导中，并不会对空间光至单模光纤耦合效率的计算精度产生影响[131]。利用平均光纤耦合效率公式(3-7)和本书建立的在弱起伏和强起伏条件下均适用的 Non-Kolmogorov 湍流星地下行链路互相干函数模型(3-21)，可得在弱起伏和强起伏条件下均适用的 Non-Kolmogorov 湍流星地下行链路平均光纤耦合效率理论模型：

$$\eta_{\text{downlink}} = \frac{8W_m^2}{(\lambda f D)^2} \int_0^{\frac{D}{2}} \int_0^{\frac{D}{2}} \int_0^{2\pi} \int_0^{2\pi} \exp\left[-\left(\frac{\pi W_m}{\lambda f}\right)^2 (r_1^2 + r_2^2) \right] \times$$

$$\exp(M_{\text{downlink}} | \boldsymbol{r}_1 - \boldsymbol{r}_2 |^{\alpha-2} - B_{\text{downlink}}) r_1 r_2 d\theta_1 d\theta_2 dr_1 dr_2 \qquad (3-24)$$

式中，D 为接收口径直径。利用余弦定理

$$| \boldsymbol{r}_1 - \boldsymbol{r}_2 |^2 = r_1^2 + r_2^2 - 2r_1 r_2 \cos(\theta_1 - \theta_2) \qquad (3-25)$$

展开 $| \boldsymbol{r}_1 - \boldsymbol{r}_2 |^{\alpha-2}$，然后将式(3-24)分解为关于角向积分量 θ_1 和 θ_2 的二重积分和关于径向积分量 r_1 和 r_2 的二重积分。先对关于角向积分量的二重积分进行积分，其具有如下形式：

$$I_{\text{downlink}} = \int_0^{2\pi} \int_0^{2\pi} \exp\left\{ M_{\text{downlink}} \left[r_1^2 + r_2^2 - 2r_1 r_2 \cos(\theta_1 - \theta_2) \right]^{\frac{\alpha}{2}-1} - B_{\text{downlink}} \right\} d\theta_1 d\theta_2$$

$$(3-26)$$

令 $\theta_d = \theta_1 - \theta_2$，$\theta = \theta_2$，并对式(3-26)积分可得

$$I_{\text{downlink}} = 4\pi \int_0^{\pi} \exp\left\{ M_{\text{downlink}} (r_1^2 + r_2^2)^{\frac{\alpha}{2}-1} \left[1 - \frac{2r_1 r_2}{r_1^2 + r_2^2} \cos(\theta_d) \right]^{\frac{\alpha}{2}-1} - B_{\text{downlink}} \right\} d\theta_d$$

$$(3-27)$$

对径向积分量进行归一化，定义 $x_1 = 2r_1/D$ 和 $x_2 = 2r_2/D$，代入式(3-27)中可得

$$I_{\text{downlink}} = 4\pi \int_0^\pi \exp\left\{ M_{\text{downlink}} v^{\frac{\alpha}{2}-1} \left[1 - u\cos(\theta_\text{d}) \right]^{\frac{\alpha}{2}-1} - B_{\text{downlink}} \right\} \text{d}\theta_\text{d}$$

$$(3\text{-}28)$$

式中，$v = \dfrac{D^2}{4}(x_1^2 + x_2^2)$; $u = \dfrac{2x_1 x_2}{x_1^2 + x_2^2}$ 。最后将式（3-28）代入式（3-24）中并应用

归一化径向积分量 x_1 和 x_2 后，可得在弱起伏和强起伏条件下均适用的 Non-Kol-

mogorov 大气湍流星地下行链路的平均光纤耦合效率：

$$\eta_{\text{downlink}} = \frac{8\beta^2}{\pi} \exp(-B_{\text{downlink}}) \int_0^1 \int_0^1 \exp\left[-\beta^2(x_1^2 + x_2^2) \right] \times$$

$$(3\text{-}29)$$

$$F\left(\frac{D^2}{4}(x_1^2 + x_2^2),\ \frac{2x_1 x_2}{x_1^2 + x_2^2},\ \alpha,\ M_{\text{downlink}} \right) x_1 x_2 \text{d}x_1 \text{d}x_2$$

式中，β 为光纤耦合参数，其具有如下形式：

$$\beta = \frac{D}{2} \frac{\pi W_\text{m}}{\lambda f}$$

$$(3\text{-}30)$$

F 为一个四变量的积分函数，其具有如下形式：

$$F(v,\ u,\ a,\ m) = \int_0^\pi \exp\left\{ m v^{\frac{a}{2}-1} \left[1 - u\cos(\theta) \right]^{\frac{a}{2}-1} \right\} \text{d}\theta$$

$$(3\text{-}31)$$

　　下面基于得到的星地下行链路 Non-Kolmogorov 湍流平均光纤耦合效率理论
表达式，分析 Non-Kolmogorov 湍流对星地下行链路最佳耦合效率和最佳耦合参
数的影响。

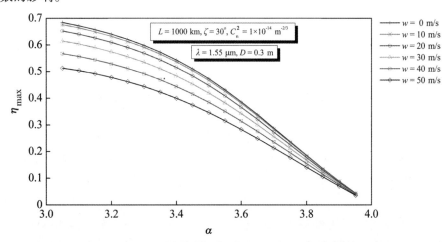

图 3-2　不同 w 时，下行链路最佳耦合效率 η_{max} 随功率谱幂律 α 的变化曲线

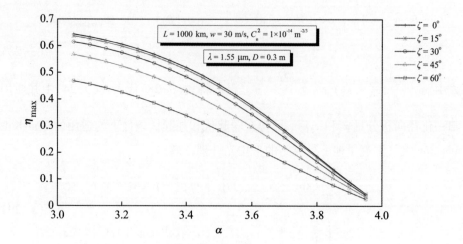

图 3-3 不同 ζ 时，下行链路最佳耦合效率 η_{max} 随功率谱幂律 α 的变化曲线

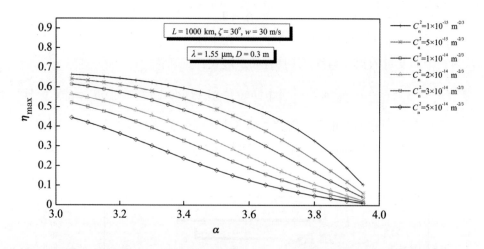

图 3-4 不同 C_n^2 时，下行链路最佳耦合效率 η_{max} 随功率谱幂律 α 的变化曲线

图 3-2～图 3-6 分别给出了不同链路平均风速 w，天顶角 ζ，折射率结构常数 C_n^2，接收系统口径 D 和通信波长 λ 时，星地下行链路最佳耦合效率随功率谱幂律 α 的变化曲线，链路参数如图中所示。从图 3-2 中可以看出，对于所有的链路平均风速，当功率谱幂律 α 增加时，星地下行链路最佳耦合效率单调减小。当功率谱幂律 α 的值相同时，链路平均风速的增加将会导致星地下行链路最佳耦合效率减小。从图 3-3 中得出的结论是，对于任何一个天顶角，星地下行链路最佳耦合效率会随着功率谱幂律 α 的增加而单调减小。当在功率谱幂律

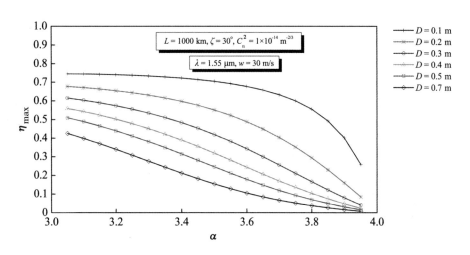

图 3-5　不同 *D* 时，下行链路最佳耦合效率 η_{max} 随功率谱幂律 α 的变化曲线

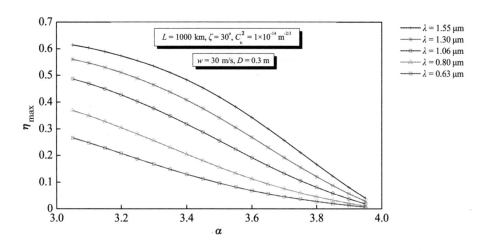

图 3-6　不同 *λ* 时，下行链路最佳耦合效率 η_{max} 随功率谱幂律 α 的变化曲线

α 相同的情况下比较时，更大的天顶角将会产生更小的星地下行链路耦合效率。从图 3-4 中可以发现，对于所有的折射率结构常数，当功率谱幂律 α 增加时，星地下行链路最佳耦合效率单调减小。对于同一个 α 值，星地下行链路最佳耦合效率会随着折射率结构常数的增加而减小。图 3-5 显示了接收系统口径对星地下行链路最佳耦合效率的影响，由图中可知，对于任何一个接收系统口径，当功率谱幂律 α 增加时，星地下行链路最佳耦合效率单调减小。对于任何

一个功率谱幂律 α 的值，接收系统口径的增加将会导致星地下行链路最佳耦合效率的减小。在图 3-6 中可以发现，对于所有的应用于星地通信链路的激光波长，当功率谱幂律 α 增加时，星地下行链路最佳耦合效率单调减小。同时，对于 Non-Kolmogorov 大气湍流星地下行链路，更长的通信波长将会获得更大的光纤耦合效率。

图 3-2~图 3-6 的物理解释是链路平均风速 w，天顶角 ζ，折射率结构常数 C_n^2，功率谱幂律 α 的增加，以及通信波长 λ 的减小会使星地下行链路的大气空间相干半径减小，进而使散斑数 A_R/A_C 增大，导致星地下行链路最佳耦合效率减小，$A_R = \pi D^2/4$，$A_C = \pi \rho_c^2$，ρ_c 为大气空间相干半径。接收系统口径 D 的增加会使 A_R 增大，进而使散斑数 A_R/A_C 增大，同样，会导致星地下行链路最佳耦合效率减小。所以，对于星地下行链路，其光纤最佳耦合效率会随着散斑数 A_R/A_C 增加而单调减小。这一结论与第 2 章中平面波最佳耦合效率的结论一致。

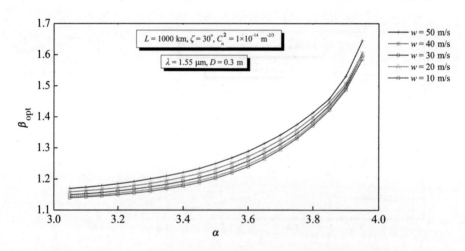

图 3-7　不同 w 时，下行链路最佳耦合参数 β_{opt} 随功率谱幂律 α 的变化曲线

图 3-7~图 3-11 分别给出了不同链路平均风速 w，天顶角 ζ，折射率结构常数 C_n^2，接收系统口径 D 和通信波长 λ 时，星地下行链路最佳耦合参数随功率谱幂律 α 的变化曲线，链路参数如图中所示。从图 3-7 中可以看出，对于所有的链路平均风速，当功率谱幂律 α 增加时，星地下行链路最佳耦合参数单调增大。当功率谱幂律 α 的值相同时，星地下行链路最佳耦合参数会随着链路平均风速的增加而增大。从图 3-8 中得到的结论是，对于所有的天顶角，星地下行链路最佳耦合参数会随着功率谱幂律 α 的增加而单调增大。在功率谱幂律 α 相

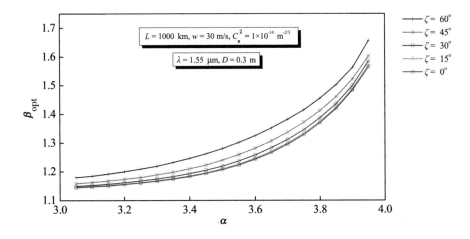

图 3-8　不同 ζ 时，下行链路最佳耦合参数 β_{opt} 随功率谱幂律 α 的变化曲线

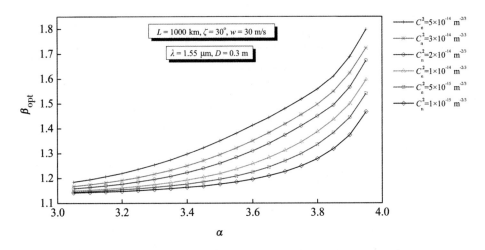

图 3-9　不同 C_n^2 时，下行链路最佳耦合参数 β_{opt} 随功率谱幂律 α 的变化曲线

同时，天顶角的增加将会导致星地下行链路耦合参数增大。从图 3-9 中得出的结论是，对于所有的折射率结构常数，当功率谱幂律 α 增加时，星地下行链路最佳耦合参数单调增大。对于同一个 α 值，更大的折射率结构常数将会导致更大的星地下行链路最佳耦合参数。图 3-10 显示了接收系统口径对星地下行链路最佳耦合参数的影响，由图可知，对于任何一个接收系统口径，当功率谱幂律 α 增加时，星地下行链路最佳耦合参数单调增大。对于任何一个功率谱幂律 α 的值，接收系统口径的增加将会导致星地下行链路最佳耦合参数的增大。在

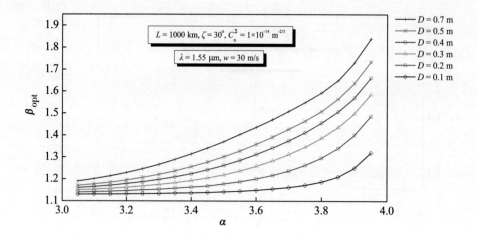

图 3-10　不同 D 时，下行链路最佳耦合参数 β_{opt} 随功率谱幂律 α 的变化曲线

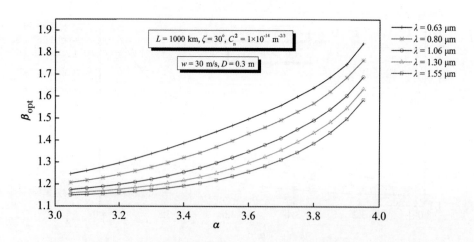

图 3-11　不同 λ 时，下行链路最佳耦合参数 β_{opt} 随功率谱幂律 α 的变化曲线

图 3-11 中可以发现，对于所有的应用于星地通信链路的激光波长，当功率谱幂律 α 增加时，星地下行链路最佳耦合参数单调增大。同时，对于 Non-Kolmogorov 大气湍流星地下行链路，更长的通信波长将会导致更小的最佳耦合参数。

　　图 3-7～图 3-11 的物理解释是链路平均风速 w，天顶角 ζ，折射率结构常数 C_n^2，功率谱幂律 α 的增加，以及通信波长 λ 的减小会使星地下行链路的大气空间相干半径减小，进而使散斑数 A_R/A_C 增大，导致星地下行链路最佳耦合参数增大。接收系统口径 D 的增加会使 A_R 增大，进而使散斑数 A_R/A_C 增大，同样

会导致星地下行链路最佳耦合参数增大。所以，对于星地下行链路，其最佳耦合参数会随着散斑数 A_R/A_C 增加而单调增大。这一结论也与第 2 章中平面波最佳耦合参数的结论一致。

3.2.2　星地上行链路平均光纤耦合效率建模分析

不同于下行链路，在上行链路中地面站发射的信号光先经过地球大气层随后进行长距离真空传输到达卫星激光通信终端，所以在星地上行链路激光通信系统的研究中通常将信号光场近似为球面波[150]。

基于 Rytov 近似，星地上行链路互相干函数具有如下形式[137]：

$$\Gamma_i(\boldsymbol{r}_1, \boldsymbol{r}_2)_{\text{uplink}} = \frac{1}{(4\pi L)^2} \exp\left[\frac{ik}{2L}(r_1^2 - r_2^2)\right] \times \exp\left\{-4\pi^2 k^2 \sec(\zeta)\right.$$

$$\left. \int_{h_0}^{H} \int_0^\infty \kappa \Phi_n(\kappa) \left[1 - J_0\left(\frac{h - h_0}{H - h_0}\kappa \mid \boldsymbol{r}_1 - \boldsymbol{r}_2 \mid\right)\right] \mathrm{d}\kappa \mathrm{d}h\right\} \tag{3-32}$$

Andrews 等人[137]的研究结果表明星地上行链路的互相干函数表达式（3-32）在弱起伏和强起伏 Kolmogorov 湍流情况下均适用。但需要注意的是，对于 Non-Kolmogorov 湍流上式不适用。

为使问题与实际情况符合，在描述星地上行链路大气湍流对单模光纤平均耦合效率影响时，利用本书建立的星地链路 Non-Kolmogorov 湍流折射率起伏功率谱模型（3-1），同时考虑了 Kolmogorov 湍流星地上行链路互相干函数模型（3-32），建立了在弱起伏和强起伏条件下均适用的 Non-Kolmogorov 湍流星地上行链路互相干函数理论模型：

$$\Gamma_i(\boldsymbol{r}_1, \boldsymbol{r}_2, \alpha)_{\text{uplink}} = \frac{1}{(4\pi L)^2} \exp\left[\frac{ik}{2L}(r_1^2 - r_2^2)\right] \times \exp\left\{-4\pi^2 k^2 \sec(\zeta)\right.$$

$$\int_{h_0}^{H} \int_0^\infty A(\alpha) \widehat{C}_n^2(h) \kappa (\kappa^2 + \kappa_0^2)^{-\frac{\alpha}{2}} \exp\left(-\frac{\kappa^2}{\kappa_m^2}\right) \mathrm{d}\kappa \mathrm{d}h +$$

$$4\pi^2 k^2 \sec(\zeta) \int_{h_0}^{H} \int_0^\infty A(\alpha) \widehat{C}_n^2(h) \kappa (\kappa^2 + \kappa_0^2)^{-\frac{\alpha}{2}}$$

$$\left. \exp\left(-\frac{\kappa^2}{\kappa_m^2}\right) J_0\left(\frac{h - h_0}{H - h_0}\kappa \mid \boldsymbol{r}_1 - \boldsymbol{r}_2 \mid\right) \mathrm{d}\kappa \mathrm{d}h\right\} \tag{3-33}$$

依据与星地下行链路相同的推导过程，可得在弱起伏和强起伏条件下均适用的 Non-Kolmogorov 大气湍流星地上行链路的互相干函数：

$$\Gamma_{\mathrm{i}}\left(\boldsymbol{r}_1, \boldsymbol{r}_2, \alpha\right)_{\mathrm{uplink}} = \frac{1}{(4\pi L)^2} \exp\left[\frac{ik}{2L}(r_1^2 - r_2^2)\right] \times$$

$$\exp\left(M_{\mathrm{uplink}} \mid \boldsymbol{r}_1 - \boldsymbol{r}_2 \mid^{\alpha-2} - B_{\mathrm{uplink}}\right), l_0 \ll \mid \boldsymbol{r}_1 - \boldsymbol{r}_2 \mid \ll L_0$$

$$(3-34)$$

式中

$$M_{\mathrm{uplink}} = 2^{3-\alpha}\pi^2 k^2 \sec(\zeta) \frac{\Gamma\left(1 - \frac{\alpha}{2}\right)}{\Gamma\left(\frac{\alpha}{2}\right)} \int_{h_0}^{H} A(\alpha)\widetilde{C}_{\mathrm{n}}^2(h) \left(\frac{h - h_0}{H - h_0}\right)^{\alpha-2} \mathrm{d}h$$

$$(3-35)$$

$$B_{\mathrm{uplink}} = 2\pi^2 k^2 \sec(\zeta) \int_{h_0}^{H} A(\alpha)\widetilde{C}_{\mathrm{n}}^2(h) \frac{\Gamma\left(1 - \frac{\alpha}{2}\right)}{\Gamma(1)} \kappa_{\mathrm{m}}^{2-\alpha}\mathrm{d}h +$$

$$2\pi^2 k^2 \sec(\zeta) \int_{h_0}^{H} A(\alpha)\widetilde{C}_{\mathrm{n}}^2(h) \left(\frac{\Gamma\left(\frac{\alpha}{2} - 1\right)}{\Gamma\left(\frac{\alpha}{2}\right)} + \frac{\Gamma\left(1 - \frac{\alpha}{2}\right)}{\Gamma\left(2 - \frac{\alpha}{2}\right)}\right)\kappa_0^{2-\alpha}\mathrm{d}h \quad (3-36)$$

利用平均光纤耦合效率公式(3-7)和本书建立的在弱起伏和强起伏条件下均适用的 Non-Kolmogorov 湍流星地上行链路互相干函数模型(3-34)，可得在弱起伏和强起伏条件下均适用的 Non-Kolmogorov 湍流星地上行链路平均光纤耦合效率理论模型

$$\eta_{\mathrm{uplink}} = \frac{8W_{\mathrm{m}}^2}{(\lambda f D)^2} \int_0^{\frac{D}{2}} \int_0^{\frac{D}{2}} \int_0^{2\pi} \int_0^{2\pi} \exp\left[-\left(\frac{\pi W_{\mathrm{m}}}{\lambda f}\right)^2 (r_1^2 + r_2^2)\right] \times$$

$$\exp\left[\frac{ik}{2L}(r_1^2 - r_2^2) + M_{\mathrm{uplink}} \mid \boldsymbol{r}_1 - \boldsymbol{r}_2 \mid^{\alpha-2} - B_{\mathrm{uplink}}\right] r_1 r_2 \mathrm{d}\theta_1 \mathrm{d}\theta_2 \mathrm{d}r_1 \mathrm{d}r_2$$

$$(3-37)$$

依据与星地下行链路相同的积分简化过程，可得在弱起伏和强起伏条件下均适用的 Non-Kolmogorov 大气湍流星地上行链路的平均光纤耦合效率

$$\eta_{\mathrm{uplink}} = \frac{8\beta^2}{\pi}\exp(-B_{\mathrm{uplink}}) \int_0^1 \int_0^1 \exp\left[-\beta^2(x_1^2 + x_2^2) + \frac{ikD^2}{8L}(x_1^2 - x_2^2)\right] \times$$

$$F\left(\frac{D^2}{4}(x_1^2 + x_2^2),\ \frac{2x_1x_2}{x_1^2 + x_2^2},\ \alpha,\ M_{uplink}\right) x_1x_2\mathrm{d}x_1\mathrm{d}x_2 \tag{3-38}$$

式中，F 为一个四变量的积分函数，其具体形式见式（3-31）。

下面基于得到的星地上行链路 Non-Kolmogorov 湍流平均光纤耦合效率理论表达式，分析 Non-Kolmogorov 湍流对星地上行链路最佳耦合效率的影响。

图 3-12 给出了不同链路距离 L 时星地上行链路最佳耦合效率随功率谱幂律 α 的变化曲线，链路参数如图中所示。从图 3-12 中可以看出，对于任何一个链路距离，星地上行链路最佳耦合效率都会随着功率谱幂律 α 接近 4 而急剧减小。对于任何一个功率谱幂律 α 的值，星地上行链路最佳耦合效率都会随着链路距离的增加而增大。而且，在链路参数相同的情况下，星地上行链路的最佳耦合效率远大于下行链路的最佳耦合效率。这一结论与 Andrews 等人[137]的研究结果一致，他们的研究结果表明星地下行链路的大气空间相干半径在厘米数量级，而上行链路的大气空间相干半径则相当于整个卫星长度的几倍。根据前文的研究结果，我们知道更长的大气空间相干半径会产生更大的光纤耦合效率。所以，当在实际情况下，讨论星地上行链路最佳光纤耦合效率时，如 $L =$ 1000 km 时，Non-Kolmogorov 大气湍流的影响可以忽略不计。

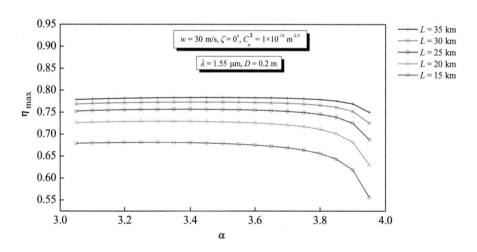

图 3-12　不同 L 时，上行链路最佳耦合效率 η_{max} 随功率谱幂律 α 的变化曲线

3.3 本章小结

    本章建立了基于 Non-Kolmogorov 湍流的星地链路空间光至单模光纤平均耦合效率理论模型，给出了在弱起伏和强起伏条件下均适用的下行链路和上行链路平均光纤耦合效率的理论表达式。与基于 Kolmogorov 湍流的理论模型相比，增加了对功率谱幂律 α 的考虑，更全面地描述了星地链路大气湍流对单模光纤平均耦合效率的影响。利用得到的理论表达式进行了数值分析，研究结果表明：在星地链路中，单模光纤平均耦合效率受到功率谱幂律 α 的制约。下行链路的最佳耦合效率会随着功率谱幂律 α 的增加而单调减小，而相应的最佳耦合参数则会随着功率谱幂律 α 的增加而单调增大。此外，当在实际星地上行链路情况下讨论最佳光纤耦合效率时，Non-Kolmogorov 大气湍流的影响可以忽略不计。

    本章的理论工作进一步扩展了大气湍流影响下星地链路空间光至单模光纤耦合理论。

第 4 章　Non-Kolmogorov 湍流对光纤耦合效率概率分布影响研究

受大气湍流的影响，信号光在传输过程中将产生波前相位畸变且空间相干性受到破坏，使接收端光场发生随机变化，且与单模光纤模场的匹配程度降低，导致空间光至单模光纤耦合效率受到限制，并随机起伏。在基于光纤耦合的空间激光通信系统中，系统误码率通常与光纤耦合效率并非线性的制约关系，第 2 章的研究工作仅给出了基于 Non-Kolmogorov 湍流的平均光纤耦合效率，并不能从随机特性角度反映出基于光纤耦合的空间激光通信系统的误码率及其他性能受到的影响，因此，需要建立基于 Non-Kolmogorov 湍流的空间光至单模光纤耦合效率概率分布理论模型。

在实际的空间激光通信系统中，为了降低大气湍流引起的波前畸变对光纤耦合效率的影响，通常会使用自适应光学系统对畸变的波前相位进行补偿，目前增加自适应光学系统已成为未来高速率、高带宽空间激光通信发展的必然趋势。针对大气湍流影响下经过相位补偿后光纤耦合效率概率分布的研究，已建立了基于 Kolmogorov 湍流和平面波的光纤耦合效率概率分布理论模型[136]，但该理论模型中并未考虑功率谱幂律 α 的影响，且平面波近似并不足以精确地描述激光光场的空间传输特性。因此，研究功率谱幂律 α 对高斯光束经过相位补偿后光纤耦合效率概率分布的影响十分重要，具有一定的实际应用意义，且尚未见报道。

在空间激光通信链路中，为了获得未经相位补偿的光纤耦合效率概率分布，进而与后文中大气外场实验的结果相互验证，需要建立基于 Non-Kolmogorov 湍流的高斯光束相位方差理论模型。在现有的研究工作中，仅给出了平面波经过 Non-Kolmogorov 湍流后相位方差的解析表达式[151]，然而，平面波近似并不足以精确地描述激光光场的空间传输特性。因此，研究 Non-Kolmogorov 湍流对高斯光束相位方差的影响至关重要，且尚未见报道。

本章针对上述问题，首先从发射端参数和功率谱幂律 α 出发，利用有效参数法，建立了基于 Non-Kolmogorov 湍流的高斯光束经过相位补偿后单模光纤耦合效率概率分布的理论模型，给出了发射端曲率参数 Θ_0，发射端 Fresnel 比率 Λ_0 和功率谱幂律 α 对相位补偿后系统光纤耦合效率概率分布的影响。然后，又给出了弱起伏条件下高斯光束经过 Non-Kolmogorov 湍流后相位方差的解析表达式，为后文在大气外场实验中分析未经相位补偿的光纤耦合效率概率分布奠定基础。

4.1　Non-Kolmogorov 湍流下高斯光束的空间相干半径

在建立基于 Non-Kolmogorov 湍流的经过相位补偿后单模光纤耦合效率概率分布理论模型之前，首先要得到高斯光束经过 Non-Kolmogorov 湍流后的空间相干半径。在现有研究工作中，已经建立了基于 Non-Kolmogorov 湍流的高斯光束空间相干半径理论模型[129]，但该理论模型仅适用于弱起伏大气条件。为了建立在弱起伏和强起伏条件下均适用的单模光纤耦合效率概率分布理论模型，本节将利用有效参数法给出在弱起伏和强起伏条件下均适用的高斯光束经过 Non-Kolmogorov 湍流后空间相干半径的理论表达式。

初始完全相干光束空间相干性的损失可以由复空间相干度的模（DOC）得到：

$$DOC(\boldsymbol{r}_1,\ \boldsymbol{r}_2) = \exp\left[-\frac{1}{2}D(\boldsymbol{r}_1,\ \boldsymbol{r}_2)\right] \tag{4-1}$$

式中，$D(\boldsymbol{r}_1,\ \boldsymbol{r}_2)$ 为波结构函数；$\boldsymbol{r}_1$ 和 $\boldsymbol{r}_2$ 分别为接收平面上两个不同观测点的坐标。将式（4-1）变换为间隔距离 $\rho(\rho=|\boldsymbol{r}_1-\boldsymbol{r}_2|)$ 的函数，则空间相干半径 ρ_0 的定义为 DOC 的 $1/e$ 点，即 $D(\rho_0)=2$。

基于 Rytov 近似，弱起伏条件下高斯光束波结构函数具有如下形式[137]：

$$D(\boldsymbol{r}_1,\ \boldsymbol{r}_2) = 4\pi^2k^2L\int_0^1\int_0^\infty \kappa\Phi_n(\kappa)\exp\left(-\frac{\Lambda L\kappa^2\xi^2}{k}\right) \times \mathrm{Re}\{I_0(2\Lambda r_1\xi\kappa) +$$

$$I_0(2\Lambda r_2\xi\kappa) - 2J_0[|\ (1-\bar{\Theta}\xi)\boldsymbol{p} - 2i\Lambda\xi\boldsymbol{r}\ |\ \kappa]\}\mathrm{d}\kappa\mathrm{d}\xi \tag{4-2}$$

式中，$\Phi_n(\kappa)$ 为折射率起伏功率谱；$J_0(x)$ 为第一类贝塞尔函数；$I_0(x)$ 为第一类

修正贝塞尔函数，且 $I_0(x) = J_0(ix)$；$\bar{\Theta}$ 为补充函数，它和接收平面曲率参数 Θ 具有如下关系：$\bar{\Theta} = 1 - \Theta$；$\boldsymbol{r} = (\boldsymbol{r}_1 + \boldsymbol{r}_2)/2$，$\boldsymbol{p} = \boldsymbol{r}_1 - \boldsymbol{r}_2$，$r = |\boldsymbol{r}|$，$\rho = |\boldsymbol{p}|$。$\Theta$ 和 Λ 分别为接收平面曲率参数和 Fresnel 比率，它们和发射平面曲率参数 Θ_0 和 Fresnel 比率 Λ_0 具有如下关系

$$\Theta = 1 + \frac{L}{F} = \frac{\Theta_0}{\Theta_0^2 + \Lambda_0^2}, \qquad \Lambda = \frac{2L}{kW^2} = \frac{\Lambda_0}{\Theta_0^2 + \Lambda_0^2} \tag{4-3}$$

式中

$$\Theta_0 = 1 - \frac{L}{F_0}, \qquad \Lambda_0 = \frac{2L}{kW_0^2} \tag{4-4}$$

W_0 和 F_0 分别为发射平面上的光斑半径和相位波前曲率半径。Θ 和 Λ 又称为接收端参数，而 Θ_0 和 Λ_0 则称为发射端参数，需要指出的是，当发射端曲率参数 Θ_0 的取值发生变化时，发射端高斯光束的类型也会发生变化。从图 2-10 中可以看出，当 Θ_0 小于 1 时，发射端高斯光束变为会聚光束；当 Θ_0 等于 1 时，发射端高斯光束变为准直光束；当 Θ_0 大于 1 时，发射端高斯光束变为发散光束。

需要注意的是，高斯光束的波结构函数表达式（4-2）仅适用于弱起伏条件下的 Kolmogorov 湍流，对于 Non-Kolmogorov 湍流上式不适用。

考虑到大气湍流的复杂物理成因及许多大气外场测量实验的实验结果，科学家们相信，虽然 Kolmogorov 湍流是重要的，但它实际上只是 Non-Kolmogorov 湍流在功率谱幂律 α 等于 11/3 时的一种湍流状态，而功率谱幂律 α 应该是一个随大气状态变化的物理量，并不是一个固定值。

为使问题与实际情况符合，在描述水平链路大气湍流对高斯光束空间相干半径影响时，利用本书建立的水平链路 Non-Kolmogorov 湍流折射率起伏功率谱模型（2-10），同时，考虑了 Kolmogorov 湍流高斯光束波结构函数模型（4-2），建立了弱起伏条件下的 Non-Kolmogorov 湍流高斯光束波结构函数理论模型

$$D(\boldsymbol{r}_1, \boldsymbol{r}_2, \alpha) = 4\pi^2 k^2 h(\alpha) L \int_0^1 \int_0^\infty \kappa\, (\kappa^2 + \kappa_0^2)^{-\frac{\alpha}{2}} \exp\left(-\frac{\kappa^2}{\kappa_{\mathrm{m}}^2}\right)$$

$$\exp\left(-\frac{\Lambda L \kappa^2 \xi^2}{k}\right) \times \mathrm{Re}\{I_0(2\Lambda r_1 \xi \kappa) + I_0(2\Lambda r_2 \xi \kappa) -$$

$$2J_0[|(1 - \bar{\Theta}\xi)\boldsymbol{p} - 2i\Lambda\xi\boldsymbol{r}|\kappa]\}\mathrm{d}\kappa\mathrm{d}\xi \tag{4-5}$$

依据文献［141］，利用近似条件 $r_1 = -r_2$ 简化高斯光束的波结构函数表达式（4-5），并整理可得

$$D(\rho, \alpha) = 8\pi^2 k^2 h(\alpha) L \int_0^1 \int_0^\infty \kappa (\kappa^2 + \kappa_0^2)^{-\frac{\alpha}{2}} \exp\left(-\frac{\kappa^2}{\kappa_m^2}\right) \times$$

$$\exp\left(-\frac{\Lambda L \kappa^2 \xi^2}{k}\right) [I_0(\Lambda \rho \xi \kappa) - J_0(|1 - \overline{\Theta}\xi| \rho \kappa)] \mathrm{d}\kappa \mathrm{d}\xi \quad (4\text{-}6)$$

需要指出的是，近似条件 $r_1 = -r_2$ 经常应用于高斯光束波结构函数的推导中，并不会对高斯光束波结构函数的计算精度产生影响[141]。利用有效参数法[141]，可得在弱起伏和强起伏条件下均适用的高斯光束波结构函数

$$D(\rho, \alpha) = 8\pi^2 k^2 h(\alpha) L \int_0^1 \int_0^\infty \kappa (\kappa^2 + \kappa_0^2)^{-\frac{\alpha}{2}} \exp\left(-\frac{\kappa^2}{\kappa_m^2}\right) \times$$

$$\exp\left(-\frac{\Lambda_e L \kappa^2 \xi^2}{k}\right) [I_0(\Lambda_e \rho \xi \kappa) - J_0(|1 - \overline{\Theta}_e \xi| \rho \kappa)] \mathrm{d}\kappa \mathrm{d}\xi \quad (4\text{-}7)$$

式中

$$\Theta_e = 1 + \frac{L}{F_{\mathrm{LT}}} = \frac{\Theta - \dfrac{2q\Lambda}{3}}{1 + \dfrac{4q\Lambda}{3}}, \quad \Lambda_e = \frac{2L}{k W_{\mathrm{LT}}^2} = \frac{\Lambda}{1 + \dfrac{4q\Lambda}{3}} \quad (4\text{-}8)$$

为有效接收端参数；W_{LT} 为有效接收平面光斑半径；F_{LT} 为有效接收平面相位波前曲率半径；$q = L/k\rho_p^2$，ρ_p 为平面波的大气空间相干半径。经过水平 Non-Kolmogorov 大气湍流的平面波空间相干半径具有如下形式[140]：

$$\rho_p(\alpha) = \left[-2^{3-\alpha} h(\alpha) \pi^2 k^2 L \frac{\Gamma\left(1 - \dfrac{\alpha}{2}\right)}{\Gamma\left(\dfrac{\alpha}{2}\right)}\right]^{-\frac{1}{\alpha-2}} \quad (4\text{-}9)$$

利用积分关系恒等式

$$U(a; c; z) = \frac{1}{\Gamma(a)} \int_0^\infty e^{-zt} t^{a-1} (1+t)^{c-a-1} \mathrm{d}t, \quad a > 0, \quad \mathrm{Re}(z) > 0$$

$$(4\text{-}10)$$

第一类修正贝塞尔函数的级数展开式

$$I_p(x) = \sum_{n=0}^\infty \frac{\left(\dfrac{x}{2}\right)^{2n+p}}{n! \ \Gamma(n+p+1)}, \quad |x| < \infty \quad (4\text{-}11)$$

和第一类贝塞尔函数的级数展开式

$$J_p(x) = \sum_{n=0}^{\infty} \frac{(-1)^n \left(\dfrac{x}{2}\right)^{2n+p}}{n!\, \Gamma(n+p+1)}, \quad |x| < \infty \tag{4-12}$$

式中，$U(a;c;z)$ 为第二类合流超几何函数；p 表示第一类贝塞尔函数和修正贝塞尔函数的阶数，对式(4-7)进行积分可得

$$
\begin{aligned}
D(\rho,\alpha) = {} & 4\pi^2 k^2 h(\alpha) L \kappa_0^{2-\alpha} \int_0^1 \sum_{n=0}^{\infty} \frac{1}{n!} \left(\frac{\Lambda_e \rho \kappa_0 \xi}{2}\right)^{2n} \times \\
& U\left(n+1;\, n+2-\frac{\alpha}{2};\, \frac{\kappa_0^2}{\kappa_m^2} + \frac{\Lambda_e L \kappa_0^2 \xi^2}{k}\right) \mathrm{d}\xi - \\
& 4\pi^2 k^2 h(\alpha) L \kappa_0^{2-\alpha} \times \int_0^1 \sum_{n=0}^{\infty} \frac{(-1)^n}{n!} \left(\frac{|1-\overline{\Theta}_e \xi|\, \rho \kappa_0}{2}\right)^{2n} \\
& U\left(n+1;\, n+2-\frac{\alpha}{2};\, \frac{\kappa_0^2}{\kappa_m^2} + \frac{\Lambda_e L \kappa_0^2 \xi^2}{k}\right) \mathrm{d}\xi
\end{aligned}
\tag{4-13}
$$

由文献[87]可知，对于 Non-Kolmogorov 湍流，条件 $\kappa_0^2/\kappa_m^2 + \Lambda_e L \xi^2 \kappa_0^2/k \ll 1$ 在绝大多数情况下成立，除了发射端为大口径聚焦光束，而在实际的工程应用中，通常不会假设发射端为大口径聚焦光束。然后利用近似公式

$$U(a;c;z) \sim \frac{\Gamma(1-c)}{\Gamma(1+a-c)} + \frac{\Gamma(c-1)}{\Gamma(\alpha)} z^{1-c}, \quad |z| \ll 1 \tag{4-14}$$

积分关系恒等式

$$_2F_1(a,b;c;z) = \frac{\Gamma(c)}{\Gamma(b)\Gamma(c-b)} \int_0^1 t^{b-1} (1-t)^{c-b-1} (1-zt)^{-a}\mathrm{d}t, \quad c > b > 0 \tag{4-15}$$

和第一类合流超几何函数的级数展开式

$$_1F_1(a;c;z) = \sum_{n=0}^{\infty} \frac{(a)_n}{(c)_n} \frac{z^n}{n!}, \quad |z| < \infty \tag{4-16}$$

对式(4-13)积分可得

$$D(\rho,\alpha) = 4\pi^2 k^2 h(\alpha) L \kappa_0^{2-\alpha} \sum_{n=0}^{\infty} \frac{1}{n!} \left(\frac{\Lambda_e \rho \kappa_0}{2}\right)^{2n} \frac{1}{2n+1} \frac{\Gamma\left(\dfrac{\alpha}{2}-n-1\right)}{\Gamma\left(\dfrac{\alpha}{2}\right)} +$$

$$2\pi^2 k^2 h(\alpha) L\kappa_m^{2-\alpha} \times \sum_{n=0}^{\infty} \frac{1}{n!} \left(\frac{\Lambda_e \rho \kappa_m}{2}\right)^{2n} \frac{\Gamma\left(n+1-\frac{\alpha}{2}\right)\Gamma\left(n+\frac{1}{2}\right)}{\Gamma(n+1)\Gamma\left(n+\frac{3}{2}\right)}$$

$${}_2F_1\left(n+1-\frac{\alpha}{2}, n+\frac{1}{2}; n+\frac{3}{2}; -\Lambda_e Q_m\right) + 4\pi^2 k^2 h(\alpha) L\kappa_0^{2-\alpha}$$

$$\int_0^1 I_{1-\frac{\alpha}{2}}(\mid 1 - \overline{\Theta}_e\xi \mid \rho\kappa_0)\Gamma\left(1-\frac{\alpha}{2}\right)\left(\frac{\mid 1 - \overline{\Theta}_e\xi \mid \rho\kappa_0}{2}\right)^{\frac{\alpha}{2}-1} d\xi -$$

$$4\pi^2 k^2 h(\alpha) L\kappa_m^{2-\alpha} \int_0^1 (1 + \Lambda_e Q_m\xi^2)^{\frac{\alpha}{2}-1} {}_1F_1\left[1 - \frac{\alpha}{2}; 1; -\right.$$

$$\left. \frac{(1 - \overline{\Theta}_e\xi)^2\rho^2\kappa_m^2}{4(1 + \Lambda_e Q_m\xi^2)}\right]\Gamma\left(1-\frac{\alpha}{2}\right)d\xi \tag{4-17}$$

式中，$Q_m = L\kappa_m^2/k$。最后利用公式

$${}_2F_1(a, b; c; -z) = (1+z)^{-a}_2F_1\left(a, c-b; c; \frac{z}{1+z}\right) \tag{4-18}$$

$${}_1F_1(a; c; -z) \cong \frac{\Gamma(c)}{\Gamma(c-a)}z^{-a}, \quad \text{Re}(z) \gg 1 \tag{4-19}$$

和

$$I_p(x) \cong \frac{\left(\frac{x}{2}\right)^p}{\Gamma(1+p)}, \quad p \neq -1, -2, -3, \cdots, \quad z \to 0^+ \tag{4-20}$$

对式(4-17)积分，可得在弱起伏和强起伏条件下均适用的 Non-Kolmogorov 大气湍流中水平传输高斯光束的波结构函数：

$$D(\rho, \alpha) = 4\pi^2 k^2 h(\alpha) L\kappa_0^{2-\alpha} \sum_{n=0}^{\infty} \frac{1}{n!} \left(\frac{\Lambda_e \rho \kappa_0}{2}\right)^{2n} \frac{1}{2n+1} \frac{\Gamma\left(\frac{\alpha}{2}-n-1\right)}{\Gamma\left(\frac{\alpha}{2}\right)} +$$

$$4\pi^2 k^2 h(\alpha) L\kappa_0^{2-\alpha} \times \frac{\Gamma\left(1-\frac{\alpha}{2}\right)}{\Gamma\left(2-\frac{\alpha}{2}\right)} + 2\pi^2 k^2 h(\alpha) L\kappa_m^{2-\alpha} \sum_{n=0}^{\infty} \frac{1}{n!}$$

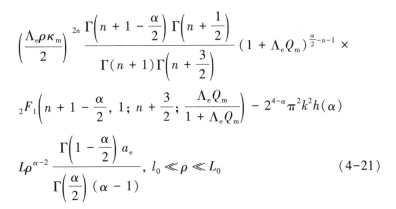

$$\left(\frac{\Lambda_e \rho \kappa_m}{2}\right)^{2n} \frac{\Gamma\left(n+1-\frac{\alpha}{2}\right)\Gamma\left(n+\frac{1}{2}\right)}{\Gamma(n+1)\Gamma\left(n+\frac{3}{2}\right)} \left(1+\Lambda_e Q_m\right)^{\frac{\alpha}{2}-n-1} \times$$

$$_2F_1\left(n+1-\frac{\alpha}{2}, 1; n+\frac{3}{2}; \frac{\Lambda_e Q_m}{1+\Lambda_e Q_m}\right) - 2^{4-\alpha}\pi^2 k^2 h(\alpha)$$

$$L\rho^{\alpha-2} \frac{\Gamma\left(1-\frac{\alpha}{2}\right) a_e}{\Gamma\left(\frac{\alpha}{2}\right)(\alpha-1)}, \quad l_0 \ll \rho \ll L_0 \tag{4-21}$$

式中

$$a_e = \begin{cases} \dfrac{1-\Theta_e^{\alpha-1}}{1-\Theta_e}, & \Theta_e \geqslant 0, \\[3mm] \dfrac{1+|\Theta_e|^{\alpha-1}}{1-\Theta_e}, & \Theta_e < 0 \end{cases} \tag{4-22}$$

在弱起伏和强起伏条件下均适用的 Non-Kolmogorov 大气湍流中水平传输高斯光束的空间相干半径很难由式(4-21)直接推导得到。依据文献[137]，利用近似公式 $(k\rho^2/L) \approx (k\rho^2/L)^{\frac{\alpha}{2}-1}$，可以得到高斯光束空间相干半径的近似公式，其具有如下形式：

$$\rho_0(\alpha) = \left[\frac{2-A}{B - 2^{4-a}\pi^2 k^2 h(\alpha)L \dfrac{\Gamma\left(1-\frac{\alpha}{2}\right) a_e}{\Gamma\left(\frac{\alpha}{2}\right)(\alpha-1)}}\right]^{\frac{1}{\alpha-2}}, \quad l_0 \ll \rho \ll L_0 \tag{4-23}$$

式中

$$A = 4\pi^2 k^2 h(\alpha)L\kappa_0^{2-\alpha}\left[\frac{\Gamma\left(\frac{\alpha}{2}-1\right)}{\Gamma\left(\frac{\alpha}{2}\right)} + \frac{\Gamma\left(1-\frac{\alpha}{2}\right)}{\Gamma\left(2-\frac{\alpha}{2}\right)}\right] + 2\pi^2 k^2 h(\alpha)L\kappa_m^{2-\alpha}.$$

$$\frac{\Gamma\left(1-\frac{\alpha}{2}\right)\Gamma\left(\frac{1}{2}\right)}{\Gamma(1)\Gamma\left(\frac{3}{2}\right)} \left(1+\Lambda_e Q_m\right)^{\frac{\alpha}{2}-1} {_2F_1}\left(1-\frac{\alpha}{2}, 1; \frac{3}{2}; \frac{\Lambda_e Q_m}{1+\Lambda_e Q_m}\right) \tag{4-24}$$

$$B = \frac{1}{3}\pi^2 k^{\frac{\alpha}{2}} h(\alpha) L^{3-\frac{\alpha}{2}} \kappa_0^{4-\alpha} \Lambda_e^2 \frac{\Gamma\left(\frac{\alpha}{2}-2\right)}{\Gamma\left(\frac{\alpha}{2}\right)} + \frac{1}{2}\pi^2 k^{\frac{\alpha}{2}} h(\alpha) L^{3-\frac{\alpha}{2}} \kappa_m^{4-\alpha} \Lambda_e^2 \cdot$$

$$\frac{\Gamma\left(2-\frac{\alpha}{2}\right)\Gamma\left(\frac{3}{2}\right)}{\Gamma(2)\,\Gamma\left(\frac{5}{2}\right)} (1 + \Lambda_e Q_m)^{\frac{\alpha}{2}-2} {}_2F_1\left(2-\frac{\alpha}{2},\ 1;\ \frac{5}{2};\ \frac{\Lambda_e Q_m}{1+\Lambda_e Q_m}\right) \quad (4-25)$$

需要指出的是，近似公式$(k\rho^2/L) \approx (k\rho^2/L)^{\frac{\alpha}{2}-1}$经常应用于高斯光束空间相干半径的推导和简化[137]，并不会对高斯光束空间相干半径的计算精度产生较大影响。此外，当Non-Kolmogorov湍流功率谱幂律α等于Kolmogorov湍流功率谱幂律的标准值11/3时，式（4-23）与Kolmogorov湍流的高斯光束空间相干半径一致，从而验证了所得结果的正确性。

下面基于得到的水平链路Non-Kolmogorov大气湍流高斯光束空间相干半径理论表达式，分析发射端曲率参数Θ_0，发射端Fresnel比率Λ_0和功率谱幂律α对高斯光束空间相干半径的影响。具体链路参数如下，$C_n^2 = 1 \times 10^{-14}$ m$^{-2/3}$，$L = 5$ km，$\lambda = 1.55$ μm，$l_0 = 1$ mm，$L_0 = 1$ m。

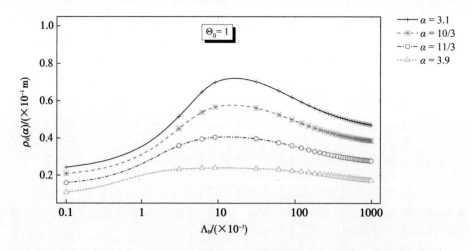

图4-1 不同α时，准直光束空间相干半径随Fresnel比率Λ_0的变化曲线

图4-1给出了不同功率谱幂律α时准直光束（$\Theta_0 = 1$）空间相干半径随发射端Fresnel比率Λ_0的变化曲线。可以看出当功率谱幂律α一定时，准直光束空

间相干半径先随着发射端 Fresnel 比率 Λ_0 的增加而增大，在 $\Lambda_0 = 1$ 附近达到极大值，然后开始缓慢减小。从图中还可以看出，随着功率谱幂律 α 的增加，准直光束的空间相干半径减小，这一结论与平面波和球面波空间相干半径的结论一致。

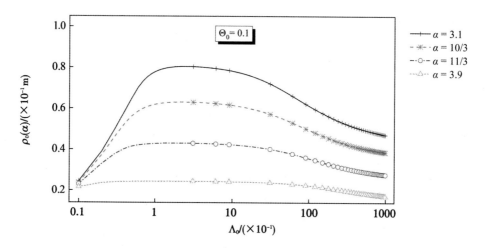

图 4-2　不同 α 时，会聚光束空间相干半径随 Fresnel 比率 Λ_0 的变化曲线

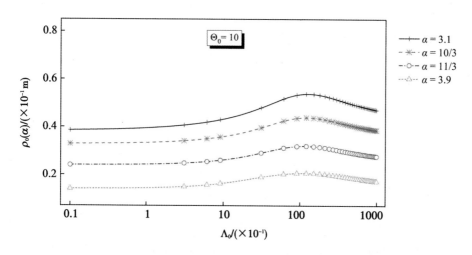

图 4-3　不同 α 时，发散光束空间相干半径随 Fresnel 比率 Λ_0 的变化曲线

图 4-2 和图 4-3 分别给出了不同功率谱幂律 α 时会聚光束（$\Theta_0 = 0.1$）和发散光束（$\Theta_0 = 10$）空间相干半径随发射端 Fresnel 比率 Λ_0 的变化曲线。由图可以

看出，不同发射端曲率参数 Θ_0 对应的曲线存在相同的变化规律，即接收端空间相干半径都随着功率谱幂律 α 的增加而减小。在固定功率谱幂律 α 下，会聚光束和发散光束空间相干半径都会随着发射端 Fresnel 比率 Λ_0 的增加而先增加再减小。唯一的区别是随着发射端曲率参数 Θ_0 的增加，对应于空间相干半径极大值的发射端 Fresnel 比率 Λ_0 会相应增大。该结果表明不同光束类型（Θ_0 不同）的高斯光束都存在着最佳发射端 Fresnel 比率 Λ_0，使接收端空间相干半径取极大值。

4.2　Non-Kolmogorov 湍流下高斯光束的光纤耦合效率概率分布

在基于光纤耦合的空间激光通信系统中，大气湍流产生的波前相位畸变使空间光至单模光纤耦合效率受到限制，并随机起伏。而系统误码率通常与光纤耦合效率并非线性的制约关系，第 2 章的研究工作仅给出了基于 Non-Kolmogorov 湍流的平均光纤耦合效率，并不能从随机特性角度反映出基于光纤耦合的空间激光通信系统的误码率及其他性能受到的影响，且目前增加自适应光学系统是未来高速率、高带宽空间激光通信发展的必然趋势。因此，需要推导出基于 Non-Kolmogorov 湍流的经过相位补偿后单模光纤耦合效率概率密度函数的理论表达式。

由文献[131]可知，空间光至单模光纤的耦合效率定义为进入单模光纤内的光功率 P_c 与系统接收的光功率 P_a 的比值，其具有如下形式：

$$\eta = \frac{P_c}{P_a} = \frac{\left|\int_A U_i(\boldsymbol{r}) U_m^*(\boldsymbol{r}) \mathrm{d}\boldsymbol{r}\right|^2}{\int_A |U_i(\boldsymbol{r})|^2 \mathrm{d}\boldsymbol{r}} \tag{4-26}$$

式中，$U_i(\boldsymbol{r})$ 为随机起伏的入射光束在入射光瞳面 A 横向坐标矢量 $\boldsymbol{r}$ 处的光场；$U_m^*(\boldsymbol{r})$ 为后向传输到入射光瞳面 A 处归一化单模光纤模场的复共轭。需要指出的是，利用瞬时光纤耦合效率的理论表达式(4-26)，并不能计算得出光纤耦合效率的概率分布，必须基于成像光学中的散斑统计分析理论进行统计分析。

利用有效参数法[141]，可得在弱起伏和强起伏条件下均适用的高斯光束在

接收平面的入射光场

$$U_i(\boldsymbol{r}) = \frac{a_0}{\Theta_0 + i\Lambda_0} \exp\left(ikL - \frac{r^2}{W_{LT}^2} - i\frac{kr^2}{2F_{LT}} \right) \exp\left[-i\varphi(\boldsymbol{r}) \right] \qquad (4-27)$$

式中，a_0 为光场振幅；$\varphi(\boldsymbol{r})$ 为大气湍流引起的相位扰动。在此忽略大气湍流引起的振幅扰动的影响，因为已有研究结果表明相位扰动是影响空间光至单模光纤耦合效率的主导因素[136]。

假设光纤端面位于接收系统的焦平面且位于系统光轴中心以获得最大的耦合效率，则在光瞳面上的归一化单模光纤后向传输模场分布具有如下形式[131]：

$$U_m(\boldsymbol{r}) = \frac{kW_m}{\sqrt{2\pi}f} \exp\left[-\left(\frac{kW_m}{2f} \right)^2 r^2 \right] \qquad (4-28)$$

式中，W_m 为光纤端面处的单模光纤模场半径；f 为接收系统焦距。

利用光纤耦合效率公式(4-26)，高斯光束入射光场模型(4-27)和单模光纤后向传输模场分布(4-28)，可得在弱起伏和强起伏条件下均适用的高斯光束光纤耦合效率理论模型：

$$\eta = \frac{4W_m^2}{\lambda^2 f^2\ W_{LT}^2 \left[1 - \exp\left(-\frac{D^2}{2W_{LT}^2} \right) \right]} \left\{ \int_A \exp\left[-\frac{r^2}{W_{LT}^2} - \left(\frac{kW_m}{2f} \right)^2 r^2 \right] \right.$$

$$\left. \cos\left[\varphi(\boldsymbol{r}) + \frac{kr^2}{2F_{LT}} \right] \mathrm{d}\boldsymbol{r} \right\}^2 + \frac{4W_m^2}{\lambda^2 f^2\ W_{LT}^2 \left[1 - \exp\left(-\frac{D^2}{2W_{LT}^2} \right) \right]}$$

$$\left\{ \int_A \exp\left[-\frac{r^2}{W_{LT}^2} - \left(\frac{kW_m}{2f} \right)^2 r^2 \right] \sin\left[\varphi(\boldsymbol{r}) + \frac{kr^2}{2F_{LT}} \right] \mathrm{d}\boldsymbol{r} \right\}^2$$

$$= \eta_0(a_r^2 + a_i^2)$$

$$= \eta_0 a^2 \qquad (4-29)$$

式中

$$\eta_0 = \frac{\pi^2 W_m^2 D^4}{4\lambda^2 f^2\ W_{LT}^2 \left[1 - \exp\left(-\frac{D^2}{2W_{LT}^2} \right) \right]} \qquad (4-30)$$

$$a_r = \left(\frac{\pi}{4}D^2 \right)^{-1} \int_A \exp\left[-\frac{r^2}{W_{LT}^2} - \left(\frac{kW_m}{2f} \right)^2 r^2 \right] \cos\left[\varphi(\boldsymbol{r}) + \frac{kr^2}{2F_{LT}} \right] \mathrm{d}\boldsymbol{r} \quad (4-31)$$

$$a_i = \left(\frac{\pi}{4}D^2\right)^{-1}\int_A \exp\left[-\frac{r^2}{W_{LT}^2}-\left(\frac{kW_m}{2f}\right)^2 r^2\right]\sin\left[\varphi(r)+\frac{kr^2}{2F_{LT}}\right]\mathrm{d}r \quad (4-32)$$

由于 $\varphi(r)$ 为随机变量，所以，式(4-31)和式(4-32)无法求得解析解。但是如果求得 a^2 的概率密度函数，利用雅可比变换，就可以得出高斯光束光纤耦合效率的概率密度函数。

依据成像光学中的散斑统计分析理论[152]，可以假设接收平面内存在许多直径为 r_0 的统计独立的散斑。直径为 D 的光瞳面内的散斑数可以近似为 $(D/r_0)^2$。这样，式(4-31)和式(4-32)中的积分就可以表示为接收平面内 N 个统计独立散斑的有限和的形式：

$$a_r = \frac{1}{N}\sum_{n=1}^{N}\exp\left[-\frac{r_n^2}{W_{LT}^2}-\left(\frac{kW_m}{2f}\right)^2 r_n^2\right]\cos\left(\varphi_n+\frac{kr_n^2}{2F_{LT}}\right) \quad (4-33)$$

$$a_i = \frac{1}{N}\sum_{n=1}^{N}\exp\left[-\frac{r_n^2}{W_{LT}^2}-\left(\frac{kW_m}{2f}\right)^2 r_n^2\right]\sin\left(\varphi_n+\frac{kr_n^2}{2F_{LT}}\right) \quad (4-34)$$

式中，r_0 为 Fried 相干长度；N 为接收平面内统计独立的散斑的个数，当 $D<r_0$ 时，$N\approx1$，而当 $D>r_0$ 时，$N\approx(D/r_0)^2$。

对于 Non-Kolmogorov 大气湍流，不同于式(4-5)，波结构函数还可以表示为如下形式[39]：

$$D(\rho)=\frac{2^{\alpha-1}\left[\Gamma\left(\frac{\alpha}{2}+1\right)\right]^2\Gamma\left(\frac{\alpha}{2}+2\right)}{\Gamma\left(\frac{\alpha}{2}\right)\Gamma(\alpha+1)}\left(\frac{\rho}{r_0}\right)^{\alpha-2} \quad (4-35)$$

然后利用式(4-35)和关系式 $D(\rho_0)=2$，则 Fried 相干长度可以表示为如下形式：

$$r_0=\left\{\frac{2^{\alpha-2}\left[\Gamma\left(\frac{\alpha}{2}+1\right)\right]^2\Gamma\left(\frac{\alpha}{2}+2\right)}{\Gamma\left(\frac{\alpha}{2}\right)\Gamma(\alpha+1)}\right\}^{\frac{1}{\alpha-2}}\rho_0 \quad (4-36)$$

当 $\alpha=11/3$ 时，式(4-36)变为 $r_0=2.1\rho_0$，这一结果与基于 Kolmogorov 湍流的 Fried 相干长度 r_0 与空间相干半径 ρ_0 的理论关系式完美吻合[137]，从而验证了所得结果的正确性。最后利用本书建立的基于 Non-Kolmogorov 湍流的 Fried 相干长度 r_0 与空间相干半径 ρ_0 的理论关系式(4-36)及在弱起伏和强起伏条件下均适用的 Non-Kolmogorov 湍流高斯光束空间相干半径模型(4-23)，可得在弱起伏和强起伏条件下均适用的 Non-Kolmogorov 大气湍流中水平传输高斯光束 Fried 相干长度的理论模型：

$$r_0 = \left\{ \frac{2^{\alpha-2} \left[\Gamma\left(\frac{\alpha}{2} + 1\right) \right]^2 \Gamma\left(\frac{\alpha}{2} + 2\right) (2 - A)}{\Gamma\left(\frac{\alpha}{2}\right) \Gamma(\alpha + 1) \left[B - 2^{4-a} \pi^2 k^2 h(\alpha) L \dfrac{\Gamma\left(1 - \frac{\alpha}{2}\right) a_e}{\Gamma\left(\frac{\alpha}{2}\right) (\alpha - 1)} \right]} \right\}^{\frac{1}{\alpha-2}}, \quad l_0 \ll \rho \ll L_0$$

$$\tag{4-37}$$

式中

$$A = 4\pi^2 k^2 h(\alpha) L \kappa_0^{2-\alpha} \left[\frac{\Gamma\left(\frac{\alpha}{2} - 1\right)}{\Gamma\left(\frac{\alpha}{2}\right)} + \frac{\Gamma\left(1 - \frac{\alpha}{2}\right)}{\Gamma\left(2 - \frac{\alpha}{2}\right)} \right] + 2\pi^2 k^2 h(\alpha) L \kappa_m^{2-\alpha}$$

$$\frac{\Gamma\left(1 - \frac{\alpha}{2}\right) \Gamma\left(\frac{1}{2}\right)}{\Gamma(1) \Gamma\left(\frac{3}{2}\right)} (1 + \Lambda_e Q_m)^{\frac{\alpha}{2}-1} {}_2F_1\left(1 - \frac{\alpha}{2}, 1; \frac{3}{2}; \frac{\Lambda_e Q_m}{1 + \Lambda_e Q_m}\right) \tag{4-38}$$

$$B = \frac{1}{3}\pi^2 k^{\frac{\alpha}{2}} h(\alpha) L^{3-\frac{\alpha}{2}} \kappa_0^{4-\alpha} \Lambda_e^2 \frac{\Gamma\left(\frac{\alpha}{2} - 2\right)}{\Gamma\left(\frac{\alpha}{2}\right)} + \frac{1}{2}\pi^2 k^{\frac{\alpha}{2}} h(\alpha) L^{3-\frac{\alpha}{2}} \kappa_m^{4-\alpha} \Lambda_e^2$$

$$\frac{\Gamma\left(2 - \frac{\alpha}{2}\right) \Gamma\left(\frac{3}{2}\right)}{\Gamma(2) \Gamma\left(\frac{5}{2}\right)} (1 + \Lambda_e Q_m)^{\frac{\alpha}{2}-2} {}_2F_1\left(2 - \frac{\alpha}{2}, 1; \frac{5}{2}; \frac{\Lambda_e Q_m}{1 + \Lambda_e Q_m}\right) \tag{4-39}$$

依据大数定理，当 N 足够大时，a_r 和 a_i 可以近似为高斯变量，这样，a^2 的概率密度函数就可以表示为如下形式：

$$p_{a^2}(a^2) = \frac{1}{4\pi \sigma_r \sigma_i \sqrt{1 - \rho_{a_r, a_i}^2}} \times$$

$$\int_0^{2\pi} \exp\left[-\frac{\left(\frac{a\cos\theta - \bar{a}_r}{\sigma_r}\right)^2 + \left(\frac{a\sin\theta - \bar{a}_i}{\sigma_i}\right)^2 - 2\rho_{a_r, a_i}\left(\frac{a\cos\theta - \bar{a}_r}{\sigma_r}\right)\left(\frac{a\sin\theta - \bar{a}_i}{\sigma_i}\right)}{2(1 - \rho_{a_r, a_i}^2)} \right] d\theta$$

$$(4-40)$$

式中，$\bar{a}_r$ 和 $\bar{a}_i$ 分别为 a_r 和 a_i 的均值；σ_r^2 和 σ_i^2 则分别表示 a_r 和 a_i 的方差；ρ_{a_r, a_i} 为 a_r 和 a_i 的相关系数，$\rho_{a_r, a_i} = \text{cov}(a_r, a_i)/(\sigma_r\sigma_i)$；$\text{cov}(a_r, a_i)$ 为 a_r 和 a_i 的协方差。

为了评估这些均值、方差和协方差，将 a_r 和 a_i 看作一个随机向量的实部和虚部。这样，就可以用经典的散斑分析理论[153]来评估 a_r 和 a_i 的均值、方差和协方差，它们具有如下形式：

$$\bar{a}_r = \overline{\exp\left[-\frac{r_n^2}{W_{LT}^2} - \left(\frac{kW_m}{2f}\right)^2 r_n^2 \right] M_\varphi(1) \, \overline{\cos\left(\frac{kr_n^2}{2F_{LT}}\right)}} \qquad (4-41)$$

$$\bar{a}_i = \overline{\exp\left[-\frac{r_n^2}{W_{LT}^2} - \left(\frac{kW_m}{2f}\right)^2 r_n^2 \right] M_\varphi(1) \, \overline{\sin\left(\frac{kr_n^2}{2F_{LT}}\right)}} \qquad (4-42)$$

$$\sigma_r^2 = \frac{1}{2N} \overline{\exp\left[-\frac{2r_n^2}{W_{LT}^2} - 2\left(\frac{kW_m}{2f}\right)^2 r_n^2 \right] \left[M_\varphi(2) \, \overline{\cos\left(\frac{kr_n^2}{F_{LT}}\right)} + 1 \right]} -$$

$$\frac{1}{N} \overline{\exp\left[-\frac{r_n^2}{W_{LT}^2} - \left(\frac{kW_m}{2f}\right)^2 r_n^2 \right]}^2 M_\varphi^2(1) \, \overline{\cos\left(\frac{kr_n^2}{2F_{LT}}\right)}^2 \qquad (4-43)$$

$$\sigma_i^2 = \frac{1}{2N} \overline{\exp\left[-\frac{2r_n^2}{W_{LT}^2} - 2\left(\frac{kW_m}{2f}\right)^2 r_n^2 \right] \left[1 - M_\varphi(2) \, \overline{\cos\left(\frac{kr_n^2}{F_{LT}}\right)} \right]} -$$

$$\frac{1}{N} \overline{\exp\left[-\frac{r_n^2}{W_{LT}^2} - \left(\frac{kW_m}{2f}\right)^2 r_n^2 \right]}^2 M_\varphi^2(1) \, \overline{\sin\left(\frac{kr_n^2}{2F_{LT}}\right)}^2 \qquad (4-44)$$

$$\text{cov}(a_r, a_i) = \frac{1}{2N} \overline{\exp\left[-\frac{2r_n^2}{W_{LT}^2} - 2\left(\frac{kW_m}{2f}\right)^2 r_n^2 \right] M_\varphi(2) \, \overline{\sin\left(\frac{kr_n^2}{F_{LT}}\right)}} -$$

$$\frac{1}{N} \overline{\exp\left[-\frac{r_n^2}{W_{LT}^2} - \left(\frac{kW_m}{2f}\right)^2 r_n^2 \right]}^2 M_\varphi^2(1) \, \overline{\cos\left(\frac{kr_n^2}{2F_{LT}}\right)} \, \overline{\sin\left(\frac{kr_n^2}{2F_{LT}}\right)}$$

$$(4-45)$$

式中，$M_{\varphi}(\omega)$ 为相位特征函数。

根据定义可知，大气湍流引起的相位扰动 φ_n 的概率密度函数 $p_{\varphi}(\varphi)$ 和特征函数 $M_{\varphi}(\omega)$ 是一对 Fourier 变换对。由文献[153]可知，大气湍流引起的相位扰动 φ_n 的概率密度函数具有如下形式：

$$p_{\varphi}(\varphi) = \frac{1}{\sqrt{2\pi}\,\sigma_{\varphi}}\exp\left(-\frac{\varphi^2}{2\sigma_{\varphi}^2}\right) \tag{4-46}$$

这样，其相位特征函数具有如下形式：

$$M_{\varphi}(\omega) = \exp\left(-\frac{\sigma_{\varphi}^2\omega^2}{2}\right) \tag{4-47}$$

式中，σ_{φ}^2——相位方差。

目前增加自适应光学系统已成为未来高速率、高带宽空间激光通信发展的必然趋势，而自适应光学系统的相位复原算法在对接收到的波前相位进行线性展开时通常使用 Zernike 多项式作为基函数，所以，Zernike 多项式常用来表示经过大气湍流后的畸变波前相位。对于 Non-Kolmogorov 大气湍流，入射光束补偿前 J 项 Zernike 多项式相位畸变后的相位残差具有如下形式[124]：

$$\sigma_S^2 = C_J\left(\frac{D}{r_0}\right)^{\alpha-2} \tag{4-48}$$

式中，D——接收口径直径；

　　r_0——Fried 相干长度；

　　C_J——补偿项数 J 决定的系数。

利用雅可比变换，可得在弱起伏和强起伏条件下均适用的 Non-Kolmogorov 大气湍流中水平传输高斯光束经过相位补偿后的光纤耦合效率概率密度函数：

$$p(\eta) = \frac{1}{4\pi\eta_0\sigma_r\sigma_i\sqrt{1-\rho_{a_r,a_i}^2}}\int_0^{2\pi}\exp\left[-\frac{\left(\frac{\eta^{\frac{1}{2}}\eta_0^{-\frac{1}{2}}\cos\theta-\bar{a}_r}{\sigma_r}\right)^2}{2(1-\rho_{a_r,a_i}^2)}\right]\times$$

$$\exp\left[-\frac{\left(\frac{\eta^{\frac{1}{2}}\eta_0^{-\frac{1}{2}}\sin\theta-\bar{a}_i}{\sigma_i}\right)^2}{2(1-\rho_{a_r,a_i}^2)}\right]\exp\left[\frac{2\rho_{a_r,a_i}\left(\frac{\eta^{\frac{1}{2}}\eta_0^{-\frac{1}{2}}\cos\theta-\bar{a}_r}{\sigma_r}\right)\left(\frac{\eta^{\frac{1}{2}}\eta_0^{-\frac{1}{2}}\sin\theta-\bar{a}_i}{\sigma_i}\right)}{2(1-\rho_{a_r,a_i}^2)}\right]\mathrm{d}\theta$$

$$\tag{4-49}$$

下面基于得到的水平链路 Non-Kolmogorov 大气湍流高斯光束经过相位补偿

后光纤耦合效率概率密度函数的理论表达式，分析发射端曲率参数 Θ_0，发射端 Fresnel 比率 Λ_0，功率谱幂律 α 和补偿项数 J 对高斯光束光纤耦合效率概率分布的影响。具体链路参数如下，$C_n^2 = 1 \times 10^{-14}$ m$^{-2/3}$，$L = 10$ km，$\lambda = 1.55$ μm，$D = 0.1$ m，$f = 0.5$ m，$W_m = 5.6$ μm，$l_0 = 1$ mm，$L_0 = 1$ m。

图 4-4 给出了不同功率谱幂律 α 时准直光束（$\Theta_0 = 1$）的耦合效率概率密度函数。从图中可以看出，随着功率谱幂律 α 的增加，准直光束经过相位补偿后的耦合效率概率分布向耦合效率较大的一侧偏移，平均耦合效率增大。这是因为对于 Non-Kolmogorov 大气湍流，随着功率谱幂律 α 的增加，经过相位补偿后的相位残留方差减小[154]。

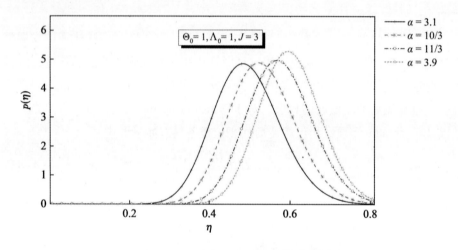

图 4-4　不同 α 时准直光束的耦合效率概率密度函数

图 4-5 和图 4-6 分别给出了不同功率谱幂律 α 时会聚光束（$\Theta_0 = 0.1$）和发散光束（$\Theta_0 = 10$）的耦合效率概率密度函数。从图中可以看出，不同发射端曲率参数 Θ_0 对应的曲线存在相同的变化规律，即经过相位补偿后的耦合效率概率分布都会随着功率谱幂律 α 的增加向耦合效率较大的一侧偏移，平均耦合效率增大。该结果表明，不同光束类型（Θ_0 不同）的高斯光束经过相位补偿后的耦合效率概率分布都受到功率谱幂律 α 的影响，功率谱幂律 α 越大，相位补偿效果越好。

图 4-7 给出了不同发射端 Fresnel 比率 Λ_0 时准直光束（$\Theta_0 = 1$）的耦合效率概率密度函数。可以看出在固定功率谱幂律 α 下，随着发射端 Fresnel 比率 Λ_0

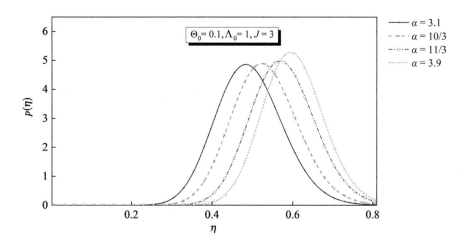

图 4-5　不同 α 时会聚光束的耦合效率概率密度函数

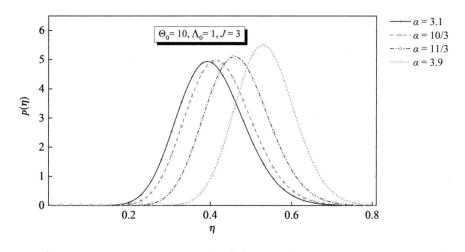

图 4-6　不同 α 时发散光束的耦合效率概率密度函数

的增加，准直光束经过相位补偿后的耦合效率概率分布先向耦合效率较大的一侧偏移，在 Λ_0 增加到 1 后开始向耦合效率较小的一侧偏移。这是因为随着发射端 Fresnel 比率 Λ_0 的增加，准直光束空间相干半径在 $\Lambda_0 = 1$ 附近存在极大值，而更长的接收端空间相干半径会产生更大的光纤耦合效率。

　　图 4-8 和图 4-9 分别给出了不同发射端 Fresnel 比率 Λ_0 时会聚光束（$\Theta_0 = 0.1$）和发散光束（$\Theta_0 = 10$）的耦合效率概率密度函数。由图中可知，对于某一

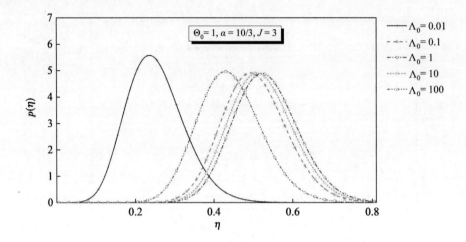

图 4-7   不同 Λ_0 时准直光束的耦合效率概率密度函数

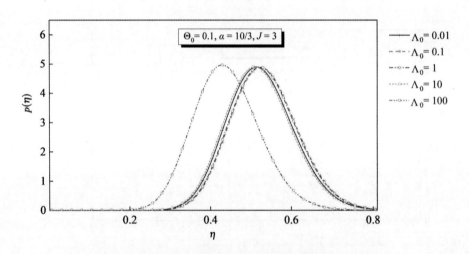

图 4-8   不同 Λ_0 时会聚光束的耦合效率概率密度函数

个固定的功率谱幂律 α，会聚光束和发散光束经过相位补偿后的耦合效率概率分布都会随着发射端 Fresnel 比率 Λ_0 的增加而先向耦合效率较大的一侧偏移，再向耦合效率较小的一侧偏移。唯一的区别是随着发射端曲率参数 Θ_0 的增加，对应于最佳耦合效率概率分布的发射端 Fresnel 比率 Λ_0 会相应增大。该结果表明，高斯光束经过相位补偿后的耦合效率概率分布受到发射端曲率参数 Θ_0 和发射端 Fresnel 比率 Λ_0 的影响，不同光束类型（Θ_0 不同）的高斯光束都存在着最佳发射端 Fresnel 比率 Λ_0，使经过相位补偿后耦合效率概率分布的均值达到最

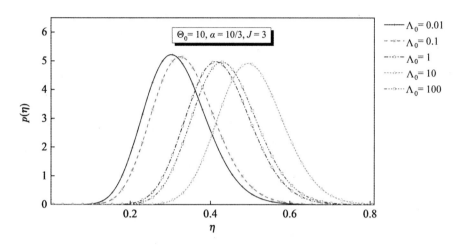

图 4-9　不同 Λ_0 时发散光束的耦合效率概率密度函数

大。

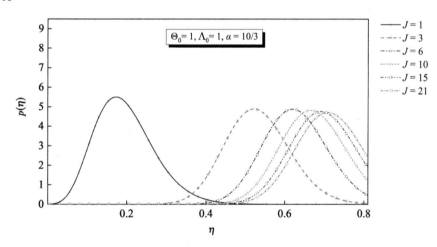

图 4-10　不同 J 时准直光束的耦合效率概率密度函数

　　为了分析补偿项数 J 对高斯光束经过相位补偿后耦合效率概率分布的影响,以准直光束为例,对不同补偿项数 J 时准直光束($\Theta_0 = 1$)的耦合效率概率密度函数进行了计算,如图 4-10 所示。可以看出,随着补偿项数 J 的增加,经过相位补偿后的耦合效率概率分布向耦合效率较大的一侧偏移,平均耦合效率增大。当补偿项数为 1 时,平均耦合效率仅为 0.19,而当补偿项数为 21 时,平均耦合效率增大到 0.70。该结果表明补偿项数 J 越大,相位补偿效果越好。

4.3　Non-Kolmogorov 湍流下高斯光束的相位方差

为了获得基于 Non-Kolmogorov 湍流的未经相位补偿的单模光纤耦合效率概率分布，进而为后文在大气外场实验中分析未经相位补偿的单模光纤耦合效率概率分布奠定基础，需要建立基于 Non-Kolmogorov 湍流的高斯光束相位方差的理论模型。针对 Non-Kolmogorov 湍流相位方差的研究，目前已建立了基于平面波的相位方差模型[151]，但在实际激光通信过程中，平面波近似并不足以精确地描述激光光场的空间传输特性，因此，本节将推导高斯光束经过 Non-Kolmogorov 湍流后相位方差的解析表达式。

基于 Rytov 近似，弱起伏条件下高斯光束相位方差具有如下形式[137]：

$$\sigma_{\mathrm{s}}^2(r) = 2\pi^2 k^2 L \int_0^1 \int_0^\infty \kappa \Phi_{\mathrm{n}}(\kappa) \times$$

$$\exp\left(-\frac{\Lambda L \kappa^2 \xi^2}{k}\right) \left\{ I_0(2\Lambda r\kappa\xi) + \cos\left[\frac{L\kappa^2}{k}\xi(1 - \bar{\Theta}\xi)\right] \right\} \mathrm{d}\kappa\mathrm{d}\xi \quad (4-50)$$

需要注意的是，高斯光束的相位方差表达式(4-50)仅适用于弱起伏条件下的 Kolmogorov 湍流，对于 Non-Kolmogorov 湍流上式则不适用。

考虑到大气湍流的复杂物理成因及许多大气外场测量实验的结果，科学家们相信，虽然 Kolmogorov 湍流是重要的，但它实际上只是 Non-Kolmogorov 湍流在功率谱幂律 α 等于 11/3 时的一种湍流状态，而功率谱幂律 α 应该是一个随大气状态变化的物理量，并不是一个固定值。

为使问题与实际情况符合，在描述水平链路大气湍流对高斯光束相位方差影响时，利用本书建立的水平链路 Non-Kolmogorov 湍流折射率起伏功率谱模型(2-10)，同时考虑了 Kolmogorov 湍流高斯光束相位方差模型(4-50)，建立了弱起伏条件下的 Non-Kolmogorov 湍流高斯光束相位方差理论模型：

$$\sigma_{\mathrm{s}}^2(r, \alpha) = 2\pi^2 k^2 h(\alpha) L \int_0^1 \int_0^\infty \kappa (\kappa^2 + \kappa_0^2)^{-\frac{\alpha}{2}} \exp\left(-\frac{\kappa^2}{\kappa_{\mathrm{m}}^2}\right) \times$$

$$\exp\left(-\frac{\Lambda L \kappa^2 \xi^2}{k}\right) \left\{ I_0(2\Lambda r\kappa\xi) + \cos\left[\frac{L\kappa^2}{k}\xi(1 - \bar{\Theta}\xi)\right] \right\} \mathrm{d}\kappa\mathrm{d}\xi \quad (4-51)$$

考虑到后文理论推导和分析的需要，将高斯光束相位方差的表达式分解为

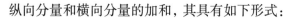

纵向分量和横向分量的加和，其具有如下形式：

$$\sigma_{\mathrm{S}}^2(r, \alpha) = \sigma_{\mathrm{S},1}^2(\alpha) + \sigma_{\mathrm{S},r}^2(r, \alpha) \qquad (4-52)$$

式中，$\sigma_{\mathrm{S},1}^2(\alpha)$ 为高斯光束相位方差的纵向分量；$\sigma_{\mathrm{S},r}^2(r, \alpha)$ 为高斯光束相位方差的横向分量。它们具有如下形式：

$$\sigma_{\mathrm{S},1}^2(\alpha) = 2\pi^2 k^2 h(\alpha) L \int_0^1 \int_0^\infty \kappa (\kappa^2 + \kappa_0^2)^{-\frac{\alpha}{2}} \exp\left(-\frac{\kappa^2}{\kappa_{\mathrm{m}}^2}\right) \times$$

$$\exp\left(-\frac{\Lambda L \kappa^2 \xi^2}{k}\right) \left\{1 + \cos\left[\frac{L\kappa^2}{k}\xi(1 - \bar{\Theta}\xi)\right]\right\} \mathrm{d}\kappa\mathrm{d}\xi \qquad (4-53)$$

$$\sigma_{\mathrm{S},r}^2(r, \alpha) = 2\pi^2 k^2 h(\alpha) L \int_0^1 \int_0^\infty \kappa (\kappa^2 + \kappa_0^2)^{-\frac{\alpha}{2}} \exp\left(-\frac{\kappa^2}{\kappa_{\mathrm{m}}^2}\right) \exp\left(-\frac{\Lambda L \kappa^2 \xi^2}{k}\right) \times$$

$$[I_0(2\Lambda r\kappa\xi) - 1] \mathrm{d}\kappa\mathrm{d}\xi \qquad (4-54)$$

利用第一类修正贝塞尔函数的级数展开式 (4-11)，余弦函数与 e 指数的变换公式

$$\cos(x) = \mathrm{Re}[\mathrm{e}^{-ix}] \qquad (4-55)$$

和 e 指数的级数展开式

$$\mathrm{e}^x = \sum_{n=0}^\infty \frac{1}{n!}x^n \qquad (4-56)$$

对式 (4-53) 和式 (4-54) 展开后可得

$$\sigma_{\mathrm{S},1}^2(\alpha) = 2\pi^2 k^2 h(\alpha) L \int_0^1 \int_0^\infty \kappa (\kappa^2 + \kappa_0^2)^{-\frac{\alpha}{2}} \exp\left(-\frac{\Lambda L \kappa^2 \xi^2}{k} - \frac{\kappa^2}{\kappa_{\mathrm{m}}^2}\right)$$

$$\mathrm{d}\kappa\mathrm{d}\xi + 2\pi^2 k^2 h(\alpha) L \int_0^1 \int_0^\infty \kappa (\kappa^2 + \kappa_0^2)^{-\frac{\alpha}{2}} \exp\left(-\frac{\kappa^2}{\kappa_{\mathrm{m}}^2}\right) \qquad (4-57)$$

$$\mathrm{Re}\left\{\sum_{n=0}^\infty \frac{1}{n!}\left(-\frac{iL\kappa^2}{k}\right)^n \times \xi^n [1 - (\bar{\Theta} + i\Lambda)\xi]^n\right\} \mathrm{d}\kappa\mathrm{d}\xi$$

$$\sigma_{\mathrm{S},r}^2(r, \alpha) = 2\pi^2 k^2 h(\alpha) L \times \int_0^1 \int_0^\infty \sum_{n=1}^\infty \frac{(\Lambda r\xi)^{2n}}{n!\ \Gamma(n + 1)}\kappa^{2n+1}$$

$$(\kappa^2 + \kappa_0^2)^{-\frac{\alpha}{2}} \exp\left(-\frac{\Lambda L \kappa^2 \xi^2}{k} - \frac{\kappa^2}{\kappa_{\mathrm{m}}^2}\right) \mathrm{d}\kappa\mathrm{d}\xi \qquad (4-58)$$

然后利用积分关系恒等式 (4-10)、式 (4-15) 和近似公式 (4-14)，分别对式 (4-57) 和式 (4-58) 积分可得

$$\sigma_{S,1}^2(\alpha) = \frac{1}{2}\pi^2 k^2 h(\alpha) L\kappa_m^{2-\alpha} \frac{\Gamma\left(\frac{1}{2}\right)\Gamma\left(1-\frac{\alpha}{2}\right)}{\Gamma\left(\frac{3}{2}\right)} {}_2F_1\left(1-\frac{\alpha}{2}, \frac{1}{2}; \frac{3}{2}; -\frac{\Lambda L\kappa_m^2}{k}\right) +$$

$$\pi^2 k^2 h(\alpha) L\kappa_0^{2-\alpha} \frac{\Gamma\left(\frac{\alpha}{2}-1\right)}{\Gamma\left(\frac{\alpha}{2}\right)} + \pi^2 k^2 h(\alpha) L\kappa_0^{2-\alpha} \mathrm{Re}\left\{\sum_{n=0}^{\infty}\frac{1}{n!}\left(-\frac{iL\kappa_0^2}{k}\right)^n \times\right.$$

$$\frac{\Gamma(n+1)\Gamma(n+1)\Gamma\left(\frac{\alpha}{2}-n-1\right)}{\Gamma(n+2)\Gamma\left(\frac{\alpha}{2}\right)} {}_2F_1\left(-n, n+1; n+2; \bar{\Theta}+i\Lambda\right)\bigg\} +$$

$$\pi^2 k^2 h(\alpha) L\kappa_m^{2-\alpha} \times \mathrm{Re}\left\{\sum_{n=0}^{\infty}\frac{1}{n!}\left(-\frac{iL\kappa_m^2}{k}\right)^n \frac{\Gamma(n+1)\Gamma\left(n+1-\frac{\alpha}{2}\right)}{\Gamma(n+2)}\right.$$

$$\left. {}_2F_1\left(-n, n+1; n+2; \bar{\Theta}+i\Lambda\right)\right\} \tag{4-59}$$

$$\sigma_{S,r}^2(r,\alpha) = \pi^2 k^2 h(\alpha) L\kappa_0^{2-\alpha} \sum_{n=1}^{\infty} \frac{(\Lambda r\kappa_0)^{2n}}{n!} \frac{1}{2n+1} \frac{\Gamma\left(\frac{\alpha}{2}-n-1\right)}{\Gamma\left(\frac{\alpha}{2}\right)} +$$

$$\frac{1}{2}\pi^2 k^2 h(\alpha) L\kappa_m^{2-\alpha} \times \sum_{n=1}^{\infty} \frac{(\Lambda r\kappa_m)^{2n}}{n!} \frac{\Gamma\left(n+1-\frac{\alpha}{2}\right)\Gamma\left(n+\frac{1}{2}\right)}{\Gamma(n+1)\Gamma\left(n+\frac{3}{2}\right)}$$

$$_2F_1\left(n+1-\frac{\alpha}{2}, n+\frac{1}{2}; n+\frac{3}{2}; -\frac{\Lambda L\kappa_m^2}{k}\right) \tag{4-60}$$

最后利用式(4-18)，近似公式

$$_2F_1(-n, n+1; n+2; x) \cong \left(1-\frac{2}{3}x\right)^n, \quad |x| < 1 \tag{4-61}$$

和广义超几何函数的级数展开式

$$_pF_q(a_1, \cdots, a_p; c_1, \cdots, c_q; z) = \sum_{n=0}^{\infty} \frac{(a_1)_n \cdots (a_p)_n}{(c_1)_n \cdots (c_q)_n} \frac{z^n}{n!} \tag{4-62}$$

分别对式（4-59）和式（4-60）积分，可得弱起伏条件下 Non-Kolmogorov 大气湍流中水平传输高斯光束的相位方差

$$\sigma_{\text{S}}^2(r,\alpha) = \sigma_{\text{S},1}^2(\alpha) + \sigma_{\text{S},r}^2(r,\alpha) \tag{4-63}$$

式中

$$\sigma_{\text{S},1}^2(\alpha) = \frac{1}{2}\pi^2 k^2 h(\alpha) L \kappa_{\text{m}}^{2-\alpha} \frac{\Gamma\left(\frac{1}{2}\right)\Gamma\left(1-\frac{\alpha}{2}\right)}{\Gamma\left(\frac{3}{2}\right)}(1+\Lambda Q_{\text{m}})^{\frac{\alpha}{2}-1}{}_2F_1\left(1-\frac{\alpha}{2},1;\frac{3}{2};\right.$$

$$\left.\frac{\Lambda Q_{\text{m}}}{1+\Lambda Q_{\text{m}}}\right) + \pi^2 k^2 h(\alpha) L \kappa_0^{2-\alpha} \frac{\Gamma\left(\frac{\alpha}{2}-1\right)}{\Gamma\left(\frac{\alpha}{2}\right)} - \pi^2 k^2 h(\alpha) L \kappa_0^{2-\alpha}$$

$$\frac{\Gamma\left(1-\frac{\alpha}{2}\right)}{\Gamma\left(2-\frac{\alpha}{2}\right)\Gamma(2)} \times \text{Re}\left\{{}_2F_2\left(1,1;2-\frac{\alpha}{2},2;iQ_0\left[1-\frac{2}{3}(\bar{\Theta}+i\Lambda)\right]\right)\right\} +$$

$$\pi^2 k^2 h(\alpha) L \kappa_{\text{m}}^{2-\alpha} \frac{\Gamma\left(1-\frac{\alpha}{2}\right)}{\Gamma(2)} \times \text{Re}\left\{{}_2F_1\left(1-\frac{\alpha}{2},1;2;-iQ_{\text{m}}\right.\right.$$

$$\left.\left.\left[1-\frac{2}{3}(\bar{\Theta}+i\Lambda)\right]\right)\right\} \tag{4-64}$$

$$\sigma_{\text{S},r}^2(r,\alpha) = \pi^2 k^2 h(\alpha) L \kappa_0^{2-\alpha} \sum_{n=1}^{\infty} \frac{(\Lambda r \kappa_0)^{2n}}{n!} \frac{1}{2n+1} \frac{\Gamma\left(\frac{\alpha}{2}-n-1\right)}{\Gamma\left(\frac{\alpha}{2}\right)} +$$

$$\frac{1}{2}\pi^2 k^2 h(\alpha) L \kappa_{\text{m}}^{2-\alpha} \times \sum_{n=1}^{\infty} \frac{(\Lambda r \kappa_{\text{m}})^{2n}}{n!} \frac{\Gamma\left(n+1-\frac{\alpha}{2}\right)\Gamma\left(n+\frac{1}{2}\right)}{\Gamma(n+1)\Gamma\left(n+\frac{3}{2}\right)}$$

$$(1+\Lambda Q_{\text{m}})^{\frac{\alpha}{2}-n-1}{}_2F_1\left(n+1-\frac{\alpha}{2},1;n+\frac{3}{2};\frac{\Lambda Q_{\text{m}}}{1+\Lambda Q_{\text{m}}}\right) \tag{4-65}$$

式中，$Q_{\text{m}} = L\kappa_{\text{m}}^2/k$；$Q_0 = L\kappa_0^2/k$。

需要指出的是，当 Non-Kolmogorov 湍流功率谱幂律 α 等于 11/3 时，基于

Non-Kolmogorov 湍流的水平链路高斯光束相位方差的解析表达式(4-63)与传统
Kolmogorov 湍流的结果一致，从而验证了所得结果的正确性。

下面利用建立的 Non-Kolmogorov 大气湍流中水平传输高斯光束相位方差的
理论模型，分析发射端曲率参数 Θ_0，发射端 Fresnel 比率 Λ_0，功率谱幂律 α 和
位置比率 r/W 对高斯光束相位方差的影响。具体链路参数如下，$C_n^2 = 1 \times 10^{-14}$ m$^{-2/3}$，$L = 1$ km，$\lambda = 1.55$ μm，$l_0 = 1$ mm，$L_0 = 1$ m。

图 4-11 给出了不同位置比率 r/W 时高斯光束相位方差随功率谱幂律 α 的
变化曲线。从图 4-11 中可以看出，对于湍流起伏均匀的水平传输路径而言，
高斯光束相位方差会随着功率谱幂律 α 的增加而单调增大。此外，从图中还可
以看出，随着位置比率 r/W 的增加，高斯光束相位方差基本保持不变，径向分
量的加入对高斯光束相位方差的影响很小。

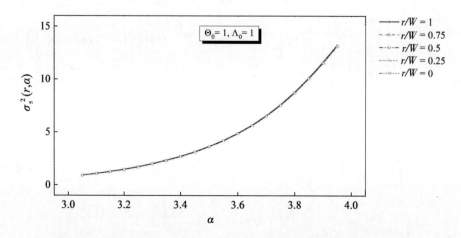

图 4-11　不同 r/W 时，准直光束相位方差随功率谱幂律 α 的变化曲线

图 4-12 给出了不同发射端曲率参数 Θ_0 时高斯光束相位方差随发射端
Fresnel 比率 Λ_0 的变化曲线。从图 4-12 中可以看出，对于任何一个发射端曲率
参数 Θ_0，高斯光束相位方差都会先随着发射端 Fresnel 比率 Λ_0 的增加而减小，
在达到极小值后开始随着发射端 Fresnel 比率 Λ_0 的增加而增大。从图中还可以
看出，随着发射端曲率参数 Θ_0 从 0.1 增加到了 10，对应高斯光束相位方差极小
值的发射端 Fresnel 比率 Λ_0 也相应增大。此外，当发射端 Fresnel 比率 Λ_0 的值较
小时，高斯光束相位方差会随着发射端曲率参数 Θ_0 的增加而增大，而当发射端

Fresnel 比率 Λ_0 的值趋近于 100 时，不同发射端曲率参数 Θ_0 的高斯光束相位方差渐渐趋近于同一个值。

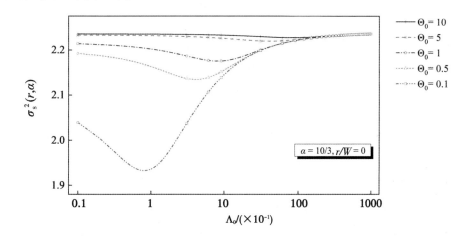

图 4-12　不同 Θ_0 时，相位方差随 Fresnel 比率 Λ_0 的变化曲线

4.4　本章小结

本章首先建立了基于 Non-Kolmogorov 湍流的高斯光束经过相位补偿后单模光纤耦合效率概率分布的理论模型，利用有效参数法，给出了在弱起伏和强起伏条件下均适用的高斯光束经过相位补偿后单模光纤耦合效率概率密度函数的理论表达式。与基于 Kolmogorov 湍流和平面波的理论模型相比，增加了对发射端曲率参数 Θ_0、发射端 Fresnel 比率 Λ_0 和功率谱幂律 α 的考虑，更全面地描述了水平链路大气湍流对发射激光束经过相位补偿后单模光纤耦合效率概率分布的影响。利用得到的理论表达式进行了数值分析，研究结果表明：高斯光束经过相位补偿后的耦合效率概率分布受到发射端曲率参数 Θ_0、发射端 Fresnel 比率 Λ_0 和功率谱幂律 α 的制约。随着发射端 Fresnel 比率 Λ_0 的增加，高斯光束经过相位补偿后的耦合效率概率分布先向耦合效率较大的一侧偏移，再向耦合效率较小的一侧偏移，存在最佳发射端 Fresnel 比率 Λ_0 使经过相位补偿后的耦合效率概率分布均值达到最大。随着发射端曲率参数 Θ_0 的增加，最佳发射端 Fresnel 比率 Λ_0 也会相应增大。此外，随着功率谱幂律 α 的增加，高斯光束经过

相位补偿后的耦合效率概率分布会向耦合效率较大的一侧偏移，平均耦合效率增大。

其次，建立了 Non-Kolmogorov 湍流影响下基于高斯光束的相位方差理论模型，给出了弱起伏条件下高斯光束经过水平 Non-Kolmogorov 湍流后相位方差的解析表达式。与基于平面波的理论模型相比，增加了对发射端曲率参数 Θ_0 和发射端 Fresnel 比率 Λ_0 的考虑，更全面地描述了水平链路大气湍流对发射激光束相位方差的影响。利用得到的理论表达式进行了数值分析，研究结果表明：高斯光束相位方差受到发射端曲率参数 Θ_0、发射端 Fresnel 比率 Λ_0 和功率谱幂律 α 的制约。高斯光束相位方差随着发射端 Fresnel 比率 Λ_0 的增加会先减小再增大，存在极小值点。随着发射端曲率参数 Θ_0 增加，对应于高斯光束相位方差极小值的发射端 Fresnel 比率 Λ_0 也会相应增大。此外，高斯光束相位方差会随着功率谱幂律 α 的增加而单调增大。

本章的理论工作进一步扩展了经过相位补偿后的空间光至单模光纤耦合理论，并为实验分析未经相位补偿的光纤耦合效率概率分布提供了理论依据。

第 5 章　Non-Kolmogorov 湍流下光纤耦合特性实验研究

在空间激光通信链路中,信号光场会受大气湍流影响而产生波前相位畸变,导致空间相干性下降,进而使信号光至单模光纤的耦合效率降低,影响空间激光通信系统性能。如前文所述,功率谱幂律 α 不是一个固定值,而是一个随大气状态变化的物理量,它的改变将对大气湍流中信号光场的传输产生影响。时至今日,科学家们进行了多次大气信道下基于光纤耦合的空间激光通信实验[155-158],同时,进行了大气信道下空间光至单模光纤的耦合实验[159]。但以上研究工作都是基于 Kolmogorov 湍流模型进行的,在实验中功率谱幂律 α 设为固定的 11/3,并没有考虑功率谱幂律 α 改变对系统通信性能和单模光纤耦合效率的影响。因此,需要基于 Non-Kolmogorov 湍流理论,重新进行大气信道下空间光至单模光纤耦合实验,并给出功率谱幂律 α 的实验测量值。

由于实验设备有限,基于星地链路的单模光纤耦合效率测量实验难以实现,因此,本章将以水平链路为例进行空间光至单模光纤耦合实验研究。2015年 7— 10 月,我们在哈尔滨市区进行了基于城市水平链路的大气外场实验(同步进行了折射率结构常数和功率谱幂律 α 的测量),链路距离为 11.16 km。实验中测量了接收端空间光至单模光纤耦合效率的均值和概率分布,并利用实验测量得到的数据与理论计算结果进行对比分析,证明了本书所提出的理论模型的正确性。

5.1　实验系统及方案

5.1.1　大气外场光纤耦合实验系统

图 5-1 给出了大气外场光纤耦合实验的光学链路图，链路的发射端在哈尔滨市松北区的一栋楼房中，接收端在哈尔滨市南岗区的另一栋楼房中。GPS 测得发射端和接收端之间的直线距离约为 11.16 km。实验链路所经过的地形非常复杂，其中包括了街道、建筑物、松花江及松花江周围的湿地等，因此，实验链路无法保证均匀的大气状态，这将会对实验结果产生一定程度的影响。

图 5-1　大气外场光纤耦合实验的光学链路图

图 5-2 给出了大气外场光纤耦合系统的结构示意图，发射端采用的是具有四路独立发射天线和一路独立接收光路的收发分离结构的激光通信终端，其发射天线的激光波长分别为两路 800 nm 和两路 1550 nm。我们采用了 800 nm 发射天线一路和 1550 nm 发射天线一路进行大气外场实验，两波长发射天线的间距为 30 cm。其中，800 nm 激光光束作为信标光束用于实验链路的精确对准及大气状态参数的测量，1550 nm 激光光束作为信号光束用于进行空间光至单模

光纤的耦合实验。为了实现链路的粗对准，在实验开始前可利用发射端接收光路的图像探测器，通过电控方式对出射激光光束的方向进行调整。需要指出的是，在大气外场实验开始前激光通信终端已在实验室内调整至精确同轴状态。

在接收端，大气外场光纤耦合系统的接收天线是一部卡塞格林式光学望远镜，其接收口径为 127 mm。从图 5-2 中可以看出，由该光学望远镜输出的 1550 nm 信号光束经过分束片后被分成反射光束和透射光束。前者通过透镜聚焦，由光功率计 1 探测实现对耦合前光功率的数据采集；后者通过耦合透镜直接耦合至单模光纤中，并由光功率计 2 探测实现对耦合后光功率的数据采集。分束片的分光比为 92.1（透射）∶7.9（反射），因此，可通过信号光束耦合前后的光功率数据来计算单模光纤耦合效率的实验值。实验过程中采用 AD 采集卡将光功率计与数据采集计算机进行连接，实现对模拟量的采样测量。

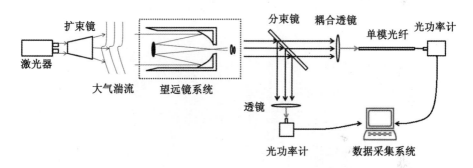

图 5-2　大气外场光纤耦合系统的结构示意图

表 5-1 列出了大气外场光纤耦合实验发射端主要设备的性能指标。

表 5-1　大气外场光纤耦合实验发射端主要设备的性能指标

设备名称	主要性能指标	
1550 nm 激光器	束散角：	230 μrad
	波长：	1550 nm
	输出功率：	2 MW（CW）
1550 nm 发射天线	出射孔径：	Φ30 mm
800 nm 激光器	束散角：	800 μrad
	波长：	807nm
	最大输出功率：	1 W（CW）

表5-1(续)

设备名称	主要性能指标	
800nm 发射天线	出射孔径:	$\Phi50$ mm
发射终端	方位可调范围:	±90°
	俯仰可调范围:	±30°
EDFA	尾芯直径:	9 μm
	最大输出功率:	1 W(CW)
光学平台	平台尺寸:	700 mm×450 mm
	平台高度:	1.1~1.5 m
	方位可调范围:	±30°
	俯仰可调范围:	±15°

图5-3 给出了大气外场光纤耦合实验的发射端实物照片。

图5-3　大气外场光纤耦合实验的发射端实物

表5-2 列出了大气外场光纤耦合实验接收端主要设备的性能指标。

表5-2　大气外场光纤耦合实验接收端主要设备的性能指标

设备名称	主要性能指标	
卡塞格林式望远镜	主镜孔径:	$\Phi127$ mm
	次镜孔径:	$\Phi39.4$ mm
	视场:	1.2 mrad
	放大倍数:	47.5
	波前误差:	0.082λ(RMS)
分束片	孔径:	$\Phi40$ mm

表5-2(续)

设备名称	主要性能指标	
耦合透镜	波前误差:	<$1/25\lambda$(RMS)
	孔径:	$\Phi5$ mm
	焦距:	15.4 mm
聚焦透镜	波前误差:	0.072λ(RMS)
	设计波长:	1550 nm
	透过率:	97%
	孔径:	$\Phi10$ mm
	焦距:	50 mm
	波前误差:	<$1/30\lambda$(RMS)
SMF-28 单模光纤	模场半径:	5.35 μm
	光纤法兰:	FC/APC
五维精密调整架	X, Y, Z 向调整范围:	3 mm
	X, Y, Z 向调整精度:	0.02 μm
	旋转调整范围:	6°
	旋转调整精度:	231 μrad
光功率计	采样时间:	100 μs
	测量范围:	−100~10 dBm
AD 数据采集卡	精度:	12 位
	最大数据更新速率:	5 MHz
光学平台	平台尺寸:	800 mm×800 mm
	平台高度:	1.8 m

图 5-4 给出了大气外场光纤耦合实验的接收端实物照片。

图 5-4　大气外场光纤耦合实验的接收端实物

图 5-5 给出了大气外场光纤耦合实验中使用的高精度光纤耦合装置的近距离实物照片。

图 5-5　光纤耦合装置实物

5.1.2　大气参数测量系统

功率谱幂律 α 和折射率结构常数 $\tilde{C}_n^2$ 是大气外场实验中需要测量的两个重要大气状态参数。为此，在接收端搭建了一个独立的大气参数测量装置来实现对以上两个重要参数的测量。表 5-3 列出了大气参数测量装置主要设备的性能指标。图 5-6 为接收 800 nm 激光的望远镜，在其末端安置了响应该频段的 CMOS 探测器。实验过程中采用 1394 图像采集卡将 CMOS 探测器与数据采集计算机进行连接，实现对入射光束光强起伏数据和到达角起伏数据的采样测量，进而计算功率谱幂律 α 和折射率结构常数 $\tilde{C}_n^2$。此测量实验与 1550 nm 波段激光的空间光至单模光纤耦合测量实验同步进行（实验获得数据基于的大气湍流环境相同）。

表 5-3　大气参数测量装置主要设备的性能指标

设备名称	主要性能指标	
望远镜	孔径：	$\Phi80$ mm
	焦距：	560 mm
	视场：	1°
	波前误差：	$<1/30\lambda$（RMS）
800 nm 滤波片	孔径：	$\Phi20$ mm
1394 图像采集卡	传输速率：	400 Mb/s
CMOS 探测器	像元尺寸：	6.7 μm
	响应范围：	0.4~1.1 μm

图 5-6　大气参数测量装置实物

　　在大气参数测量实验中，数据采集计算机通过 1394 图像采集卡以 500 Hz 采样频率对 CMOS 探测器上各像素的灰度值进行采集，计算每一帧图像的像素和作为该帧图像的光强值，获得入射光束的光强起伏数据。同时，利用质心算法计算每一帧图像的光斑质心坐标，获得入射光束的到达角起伏数据。

　　利用入射光束的光强起伏数据和 Welch 法[160]，可以计算得到接收望远镜处的光强起伏时间频率谱。基于弱起伏条件下高斯光束经过水平 Non-Kolmogorov湍流后光强起伏时间频率谱的解析表达式(2-105)和表 5-1 中的发射端设备参数,可以计算得到大气参数测量实验中接收望远镜处的理论光强起伏时间频率谱,进而得到光强起伏时间频率谱高频区幂指数 β 与功率谱幂律 α 间的理论关系式。

图 5-7 给出了大气参数测量实验中接收望远镜处的理论光强起伏时间频率谱,从图中可以看出,高频区幂指数 β 与功率谱幂律 α 之间具有如下理论关系:

$$\beta = 1 - \alpha - 0.15 \tag{5-1}$$

通过对入射光束光强起伏数据的测量,可以获得功率谱幂律 α。

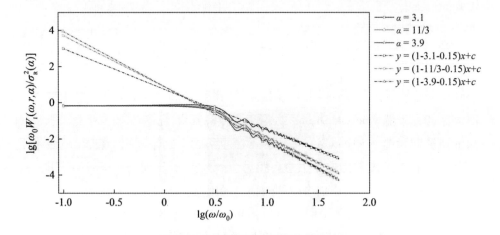

图 5-7 大气参数测量实验的理论光强起伏时间频率谱

利用入射光束的到达角起伏数据,可以得到接收望远镜处的到达角起伏方差。到达角的计算公式为

$$\varphi = \frac{p \times s}{f} \tag{5-2}$$

式中,p——光斑质心实时坐标与其平均值的偏差;

  s——CMOS 探测器的像元尺寸;

  f——望远镜的焦距。

高斯光束经过大气水平链路后的到达角起伏方差 σ_φ^2,具有如下形式[137]:

$$\sigma_\varphi^2 = 1.093 C_n^2 L D^{-\frac{1}{3}} \left[a + 0.618 \Lambda^{\frac{11}{6}} \left(\frac{kD^2}{L} \right)^{\frac{1}{3}} \right] \tag{5-3}$$

式中,C_n^2——Kolmogorov 湍流的折射率结构常数,$m^{-2/3}$;

  L——链路距离;

D——接收孔径直径；

k——波数，$k = 2\pi/\lambda$；

a——传输参数，其计算公式如下

$$a = \frac{1 - \Theta^{\frac{8}{3}}}{1 - \Theta} \tag{5-4}$$

其他参数的定义与第 2 章的定义方式相同。

Baykal 等人[161]提出了 Non-Kolmogorov 湍流折射率结构常数 $\widetilde{C}_n^2$ 和 Kolmogorov 湍流折射率结构常数 C_n^2 的等价性公式，其具有如下形式：

$$\widetilde{C}_n^2 = \frac{0.5\Gamma(\alpha)\left(\dfrac{k}{L}\right)^{\frac{\alpha}{2} - \frac{11}{6}}}{-\Gamma\left(1 - \dfrac{\alpha}{2}\right)\left[\Gamma\left(\dfrac{\alpha}{2}\right)\right]^2 \Gamma(\alpha - 1)\cos\left(\dfrac{\alpha\pi}{2}\right)\sin\left(\dfrac{\alpha\pi}{4}\right)} C_n^2 \tag{5-5}$$

在获得到达角起伏方差和功率谱幂律 α 后，结合式（5-5），可以得到 Non-Kolmogorov 湍流的折射率结构常数，其具有如下形式：

$$\widetilde{C}_n^2 = \frac{-0.5\Gamma(\alpha)\left(\dfrac{k}{L}\right)^{\frac{\alpha}{2} - \frac{11}{6}}}{\Gamma\left(1 - \dfrac{\alpha}{2}\right)\left[\Gamma\left(\dfrac{\alpha}{2}\right)\right]^2 \Gamma(\alpha - 1)\cos\left(\dfrac{\alpha\pi}{2}\right)\sin\left(\dfrac{\alpha\pi}{4}\right)} \times$$
$$\frac{\sigma_\varphi^2}{1.093LD^{-\frac{1}{3}}\left[a + 0.618\Lambda^{\frac{11}{6}}\left(\dfrac{kD^2}{L}\right)^{\frac{1}{3}}\right]} \tag{5-6}$$

通过对入射光束到达角起伏数据的测量，可以获得大气湍流结构常数 $\widetilde{C}_n^2$。

5.1.3　实验过程描述

在搭建大气外场空间光至单模光纤耦合系统后，调整发射端和接收端的指向，并确认望远镜、光纤耦合光路和耦合前光功率测量光路无误，最后进行大气外场实验，具体过程描述如下。

① 发射光束的粗对准。发射端的激光通信终端具有一路独立的接收光路，在大气外场实验开始前，该终端已在实验室内调整至精确同轴状态。在天气良好的白天，开启激光通信终端接收光路中的 CMOS 探测器，对接收端所在楼房

成像。

② 接收端望远镜指向的粗对准。在天气良好的白天，通过人眼观察接收端望远镜的目镜，将接收端望远镜指向发射端所在楼房。在夜晚通过开关灯试验确定发射端所在房间，利用接收端望远镜的步进电机进行微调整，将发射端所在房间调整至接收端望远镜目镜的中心。

③ 接收端望远镜目镜位置的调整。开启发射端激光通信终端的 800 nm 激光器，利用摄像机的夜视模式观察从接收端望远镜目镜出射的激光光束，改变接收端望远镜目镜的位置使激光光束的尺寸在距离目镜一定范围内（几米内）保持不变，这样，接收端望远镜的物镜焦点和目镜焦点就调整到了重合状态。

④ 耦合前光功率测量光路的调整。经过分束片后的反射光束，通过透镜聚焦，由光功率计探测实现对耦合前光功率的测量。为了保证光功率计探头光敏面与透镜焦点重合，可利用摄像机的夜视模式观察 800 nm 激光光束的焦点，进而改变光功率计探头的位置。

⑤ 光纤耦合光路的调整。利用五维精密调整架，改变光纤耦合装置的位置和角度，使经过分束片后的 800 nm 透射光束聚焦至单模光纤端面中心处，实现光纤耦合光路的粗调整。随后在光纤耦合装置的输出端另外接入一 800 nm 激光器，打开激光器，精调五维精密调整架，使 800 nm 激光光束可从接收端望远镜射出，实现光纤耦合光路的精调整。

调整完成后，撤下 800 nm 激光器，将光纤耦合装置的输出端与功率计探头连接。开启发射端激光通信终端的 1550 nm 激光器，即可通过功率计测量 1550 nm 激光光束耦合进单模光纤的光功率，从而实现对光纤耦合效率的测量。

5.2 实验结果与分析

5.2.1 Non-Kolmogorov 湍流功率谱幂律

在 2015 年 7—10 月，著者进行了链路距离为 11.16 km 的空间光至单模光纤耦合实验，接下来给出一个典型样本的分析结果。因为功率计和 CMOS 探测器的测量范围存在局限性，在实验分析过程中，所选样本的实验数据应不超出功率计和 CMOS 探测器的测量范围，确保样本的实验数据符合光强起伏和到达角起伏的实际情况。

　　对 CMOS 探测器接收到的光强序列利用其平均值进行归一化，并通过 Welch 法[160]计算得到对应的光强起伏时间频率谱，如图 5-8 所示。从图中可以看出，样本的光强起伏时间频率谱高频区幂指数 β 为-3.0，利用光强起伏时间频率谱高频区幂指数 β 与功率谱幂律 α 间的理论关系式(5-1)可以计算得出，该样本的功率谱幂律 α 为 3.85。

　　需要指出的是，在 Kolmogorov 湍流模型中功率谱幂律 α 是一个固定值，其为 11/3，而样本的功率谱幂律 α 为 3.85，与 Kolmogorov 湍流模型的统计规律不符。此外，近些年来实验结果表明，在许多链路下，大气湍流的特性与 Kolmogorov湍流模型所描述的有很大不同[36-45]；同时，理论研究结果也表明虽然 Kolmogorov 湍流是重要的，但它实际上只是 Non-Kolmogorov 湍流在功率谱幂律 α 等于 11/3 时的一种湍流状态，而功率谱幂律 α 应该是一个随大气状态变化的物理量，并不是一个固定值。所以，地面水平链路应服从更广义的 Non-Kolmogorov湍流模型的统计规律。

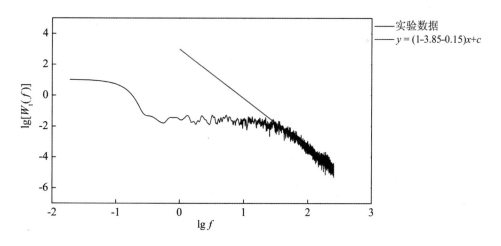

图 5-8　光强起伏时间频率谱

　　在大气外场空间光至单模光纤耦合实验中，考虑到实验设备存在采样频率上限，只能给出 250 Hz 以下的光强起伏时间频率谱数据。此外，在数据分析中采用 Welch 法代替常规的周期图法，是为了减小高频区数据的震荡范围，以提

高高频区幂指数 β 的测量精度。

在已知样本的功率谱幂律 α 为 3.85 的情况下，利用式(5-6)，可以计算得出样本的折射率结构常数 $\widetilde{C}_n^2 = 7.88 \times 10^{-15}$ $m^{3-\alpha}$。

5.2.2 耦合前后光强概率分布

基于所选样本的实验数据计算耦合前的平均光功率和耦合后的平均光功率，并利用以上平均光功率对实验数据进行归一化，得到归一化的耦合前光强起伏数据和耦合后光强起伏数据。然后将光强起伏数据的变化范围设置为 n 个等分区间，得到序列 $X = (X_1, X_2, X_3, \cdots, X_n)$，并计算每个区间的数据个数得到另一个序列 $Y = (Y_1, Y_2, Y_3, \cdots, Y_n)$。最后以序列 X 作为直方图的横坐标，以序列 Y 作为直方图的纵坐标，这样，就可以获得所选样本的耦合前光强直方图和耦合后光强直方图。

图 5-9 给出了所选样本的归一化耦合前光强直方图。图中的实线是样本的耦合前光强起伏数据和对数正态分布之间的拟合曲线，R^2 是相关系数，如果用序列 $Z = (Z_1, Z_2, Z_3, \cdots, Z_n)$ 代表对数正态分布拟合曲线上与直方图横坐标序列 X 一一对应的纵坐标序列，则 R 具有如下形式：

$$R = \frac{<Y \cdot Z> - <Y> \cdot <Z>}{\sqrt{\sigma_Y^2 \cdot \sigma_Z^2}} \qquad (5-7)$$

式中，σ_Y^2 —— 序列 Y 的方差；

σ_Z^2 —— 序列 Z 的方差。

由图 5-9 可以发现，归一化耦合前光强直方图和对数正态拟合曲线的相关系数在 0.99 以上，两者吻合较好，这说明对于光强闪烁因子 $\sigma_I^2 = 0.5645$ 的弱起伏样本，其耦合前光强直方图服从对数正态分布。这一结论与国内外进行的许多大气外场测量实验中得到的接收光强数据一致[162-165]，即在弱起伏情况下接收光强的概率分布服从对数正态分布，同时，在某种程度上验证了著者所得实验结果的正确性。

图 5-10 给出了所选样本的归一化耦合后光强直方图。由图中可以发现，在大气外场空间光至单模光纤耦合实验中，对于本书所选的满足弱起伏大气条件的实验样本，其耦合后光强直方图呈单调下降的趋势，与负指数分布相近。需要指出的是，虽然耦合前光强的概率分布服从对数正态分布，但耦合后光强

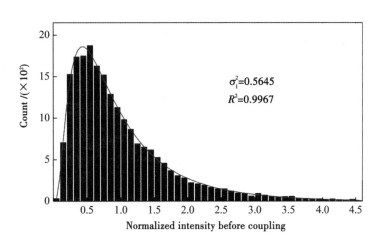

图 5-9　归一化耦合前光强直方图和对数正态拟合曲线

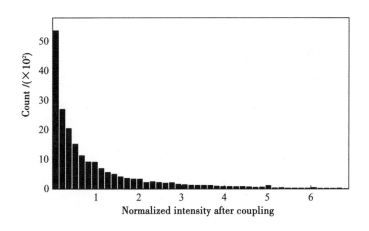

图 5-10　归一化耦合后光强直方图

概率分布并没有受此影响而呈现出与对数正态分布相近的变化趋势。

5.2.3　光纤耦合效率的均值和概率分布

基于所选样本的实验数据计算光纤耦合效率数据，将光纤耦合效率的理论取值范围 0 到 0.8145 设置为 n 个等分区间，得到序列 $P = (P_1, P_2, P_3, \cdots, P_n)$，并计算每个区间的数据个数得到另一个序列 $Q = (Q_1, Q_2, Q_3, \cdots, Q_n)$。最后以序列 P 作为直方图的横坐标，以序列 Q 作为直方图的纵坐标，这样，就可以获得所选样本的光纤耦合效率直方图。

图 5-11 给出了所选样本的光纤耦合效率直方图。由图中可以发现，在大气外场空间光至单模光纤耦合实验中，对于本书所选的满足弱起伏大气条件的实验样本，其光纤耦合效率多集中在小于 0.3 的范围内，直方图呈单调下降趋势，与负指数分布相近。需要指出的是，光纤耦合效率概率分布与耦合后光强概率分布具有相近的变化趋势。

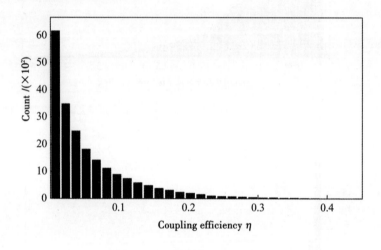

图 5-11　光纤耦合效率直方图

为了对大气外场实验结果进行充分分析，基于第 2 章得到的在弱起伏和强起伏条件下均适用的 Non-Kolmogorov 大气湍流中水平传输高斯光束平均光纤耦合效率的理论表达式对大气外场实验中的光纤耦合效率均值进行了理论计算。依据大气外场实验中光学链路的实际情况，选取理论计算参数如下：接收系统的等效焦距 $f = 0.7315$ m，单模光纤模场半径 $W_m = 5.35$ μm，接收端卡塞格林式光学望远镜的直径 $D = 0.127$ m，其面积遮挡比 $\varepsilon = 9.6\%$，波长 $\lambda = 1550$ nm，实验链路距离 $L = 11.16$ km，折射率结构常数 $\widetilde{C}_n^2$ 和功率谱幂律 α 为实验测量值，湍流的内尺度为 1 mm，外尺度为 1 m。

表 5-4 分别列出了所选样本的光纤耦合效率实验均值 η_e 和基于第 2 章中理论表达式计算得到的光纤耦合效率理论均值 η_t。表中的 P_η 表示光纤耦合效率实验均值和理论均值之间的百分比误差，其具有如下形式：

$$p_\eta = \frac{\eta_t - \eta_e}{\eta_t} \tag{5-8}$$

从表 5-4 中可以看出，大气外场实验中测得的光纤耦合效率的实验均值与理论表达式计算得到的光纤耦合效率的理论均值百分比误差小于 9%，实验数据与理论计算结果吻合较好。

表 5-4　光纤耦合效率的实验均值和理论均值

η_e	η_t	p_η
0.0566	0.0616	8.1%

为了进一步分析大气外场实验数据的概率分布性质，利用第 4 章中建立的基于 Non-Kolmogorov 湍流的未经相位补偿的单模光纤耦合效率概率密度函数理论表达式对大气外场实验中光纤耦合效率的理论分布曲线进行了计算。考虑到大气外场实验中光学链路的实际情况，理论计算参数如上。

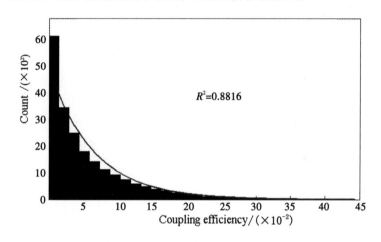

图 5-12　光纤耦合效率直方图和理论分布曲线

图 5-12 分别给出了所选样本的光纤耦合效率直方图和理论分布曲线。由图中可知，与样本直方图相近，光纤耦合效率的理论分布曲线也呈单调下降趋势，其光纤耦合效率多集中在小于 0.3 的范围内，两者的相关系数在 0.88 以上，实验数据与理论分布曲线在总体趋势上符合较好。考虑到 Non-Kolmogorov 湍流的复杂性及第 4 章中理论模型的局限性（无法考虑面积遮挡比 ε 的影响），理论计算得到的光纤耦合效率概率分布与大气外场实验中测得的光纤耦合效率概率分布仍存在一定偏差。

需要指出的是，在大气外场空间光至单模光纤耦合实验中，实验链路所经过的地形非常复杂，其中包括了街道、建筑物、松花江及松花江周围的湿地等，因此，实验链路无法保证均匀的大气状态，这将会对实验结果产生一定程度的影响。而且，目前的 Non-Kolmogorov 湍流理论模型仍不完善，并不能完全反映出其特性。除此之外，由于实验条件限制，如接收端望远镜与光纤耦合透镜具有较大的波前误差，聚焦光场与光纤模场尺寸不匹配，也是导致大气外场实验测得的光纤耦合效率均值和概率分布与理论计算结果存在偏差的客观原因。

5.3　本章小结

本章进行了距离为 11. 16 km 的城市水平链路空间光至单模光纤耦合实验，对 Non-Kolmogorov 湍流影响下空间光至单模光纤耦合效率的均值和概率分布进行了测量，并将实验数据与理论结果进行了比较，具体包括以下几个方面。

①利用 Welch 法计算了光强起伏时间频率谱，通过时间频率谱高频区幂指数 β 与功率谱幂律 α 间的理论关系式获得了功率谱幂律 α 的测量值。结果表明，城市水平链路服从 Non-Kolmogorov 湍流模型的统计规律，实验样本的功率谱幂律 α 为 3. 85。

②大气外场实验测得的光纤耦合效率的实验均值为 5. 66%，与利用 Non-Kolmogorov 湍流模型计算得到的理论均值之间的百分比误差为 8. 1%，实验数据与理论计算结果吻合较好。

③大气外场实验测得的光纤耦合效率直方图呈单调下降趋势，与负指数分布相近，其耦合效率多集中在小于 0. 3 的范围内。实验测得的概率分布曲线与基于 Non-Kolmogorov 湍流模型计算得到的理论分布曲线在总体趋势上符合较好。

本章的实验工作将为基于光纤耦合的空间激光通信系统设计及参数优化提供实验依据。

结 论

本书基于水平链路和星地链路 Non-Kolmogorov 大气湍流模型，考虑了功率谱幂律 α 随机变化的影响，对 Non-Kolmogorov 湍流影响下空间光至单模光纤耦合效率的均值和概率分布进行了理论和实验研究，并建立了基于 Non-Kolmogorov 湍流的光强起伏时间频率谱理论模型。本书取得的创新性研究成果归纳如下。

① 建立了基于 Non-Kolmogorov 湍流的单模光纤平均耦合效率理论模型，给出了功率谱幂律 α 参数变化与单模光纤平均耦合效率的相互制约关系。

研究结果表明，系统单模光纤平均耦合效率受到功率谱幂律 α 的制约。在水平链路和星地链路中，系统最佳耦合效率均会随着功率谱幂律 α 的增加而单调减小，而最佳耦合参数则会随着功率谱幂律 α 的增加而单调增大。此外，当在实际星地上行链路情况下讨论单模光纤耦合效率时，Non-Kolmogorov 湍流的影响可以忽略不计。该项研究进一步扩展了大气湍流影响下空间光至单模光纤耦合理论。

② 建立了基于 Non-Kolmogorov 湍流的光强起伏时间频率谱理论模型，给出了高斯光束光强起伏时间频率谱随发射端参数的变化关系。

研究结果表明，高斯光束光强起伏时间频率谱受到发射端参数的制约。随着发射端 Fresnel 比率 Λ_0 的增加，光强起伏时间频率谱在 $\Lambda_0 = \Lambda_m$ 处存在极小值。当 $\Lambda_0 < \Lambda_m$ 时，随着发射端 Fresnel 比率 Λ_0 的增加，时间频率谱减小，高频区谱线斜率增大，而当 $\Lambda_0 > \Lambda_m$ 时，则相反。此外，随着发射端曲率参数 Θ_0 的增加，光强起伏时间频率谱增大，高频区谱线斜率减小。该项研究为实验测量功率谱幂律 α 提供了理论依据。

③ 建立了基于 Non-Kolmogorov 湍流的经过相位补偿后单模光纤耦合效率概率分布的理论模型，给出了发射端参数和功率谱幂律 α 对高斯光束经过相位补偿后单模光纤耦合效率概率分布的影响规律。

研究结果表明，随着发射端 Fresnel 比率 Λ_0 的增加，高斯光束经过相位补偿后的耦合效率概率分布先向耦合效率较大的一侧偏移，再向耦合效率较小的一侧偏移，存在最佳发射端 Fresnel 比率 Λ_0 使经过相位补偿后的耦合效率概率分布均值达到最大。而随着发射端曲率参数 Θ_0 的增加，最佳发射端 Fresnel 比率 Λ_0 也会相应增大。此外，随着功率谱幂律 α 的增加，高斯光束经过相位补偿后的耦合效率概率分布会向耦合效率较大的一侧偏移，平均耦合效率增大。该项研究进一步扩展了经过相位补偿后的空间光至单模光纤耦合理论。

④ 针对所建立理论模型进行实验验证，进行了 11.16 km 城市水平链路空间光至单模光纤耦合实验。

对功率谱幂律 α 及空间光至单模光纤耦合效率的均值和概率分布进行了测量。实验结果表明：城市水平链路服从 Non-Kolmogorov 湍流模型的统计规律，样本的光纤耦合效率直方图呈单调下降的趋势。实验所得光纤耦合效率的均值和概率分布与基于 Non-Kolmogorov 湍流的理论结果吻合较好。

本书工作是关于 Non-Kolmogorov 湍流及其对空间光至单模光纤耦合效率影响的应用基础研究，所建立的基于 Non-Kolmogorov 湍流的理论模型与 Kolmogorov 湍流理论模型相比，增加了功率谱幂律 α 的影响因素，更全面地反映了大气湍流对光纤耦合效率的影响。研究结果进一步扩展了空间光至单模光纤耦合理论，为基于光纤耦合的空间激光通信系统设计及参数优化提供理论依据。

参考文献

[1] MARSHALEK R G, MECHERLE G S, JORDAN P R.System-level comparison of optical and RF technologies for space-to-space and space-to-ground communication links circa 2000[C].Proceedings of SPIE, 1996: 134-145.

[2] TOYOSHIMA M, LEEB W R, KUNIMORI H, et al.Comparison of microwave and light wave communication systems in space applications[J].Optical engineering, 2007, 46(1): 015003.

[3] DU W, CHEN F, YAO Z, et al.Influence of Non-Kolmogorov turbulence on bit-error rates in laser satellite communications[J].Journal of Russian laser research, 2013, 34(4): 351-355.

[4] SUN X, SKILLMAN D R, HOFFMAN E D, et al.Free space laser communication experiments from earth to the lunar reconnaissance orbiter in lunar orbit [J].Optics express, 2013, 21(2): 1865-1871.

[5] YI X, LIU Z, YUE P.Uplink laser satellite-communication system performance for a Gaussian beam propagating through three-layer altitude spectrum of weak-turbulence[J].Optik, 2013, 124(17): 2916-2919.

[6] BELMONTE A.Capacity of coherent laser downlinks[J].Journal of lightwave technology, 2014, 32(11): 2128-2132.

[7] LI M, JIAO W, SONG Y, et al.Investigation of the EDFA effect on the BER performance in space uplink optical communication under the atmospheric turbulence[J].Optics express, 2014, 22(21): 25354-25361.

[8] LI Y, LI M, POO Y, et al.Performance analysis of OOK, BPSK, QPSK modulation schemes in uplink of ground-to-satellite laser communication system under atmospheric fluctuation[J].Optics communications, 2014, 317: 57-61.

[9] LIU Y, ZHAO S, YANG S, et al.The influence of space irradiated PIN photo-

detector on BER in satellite laser communication system[J].Optik, 2014, 125 (18): 5422-5425.

[10] LU B, WEI F, ZHANG Z, et al.Research on tunable local laser used in ground-to-satellite coherent laser communication[J].Chinese optics letters, 2015, 13(9): 44-48.

[11] VISWANATH A, JAIN V K, KAR S.Analysis of earth-to-satellite free-space optical link performance in the presence of turbulence, beam-wander induced pointing error and weather conditions for different intensity modulation schemes[J].IET communications, 2015, 9(18): 2253-2258.

[12] YU S, MA Z, MA J, et al.Far-field correlation of bidirectional tracking beams due to wave-front deformation in inter-satellites optical communication links[J].Optics express, 2015, 23(6): 7263-7272.

[13] LUZHANSKY E, EDWARDS B, ISRAEL D, et al.Overview and status of the laser communication relay demonstration[C].Proceedings of SPIE, 2016: 97390C.

[14] TAKENAK H, KOYAM Y, KOLEV D, et al.In-orbit verification of small optical transponder(SOTA) evaluation of satellite-to-ground laser communication links[C].Proceedings of SPIE, 2016: 973903.

[15] VEDRENNE N, CONAN J M, PETIT C, et al.Adaptive optics for high data rate satellite to ground laser link[C].Proceedings of SPIE, 2016: 97390E.

[16] SMUTNY B, KÄMPFNER H, MUEHLNIKEL G, et al.5.6 Gbps optical intersatellite communication link[C].Proceedings of SPIE, 2009: 719906.

[17] SODNIK Z, FURCH B, LUTZ H.Optical intersatellite communication[J].IEEE journal of selected topics in quantum electronics, 2010, 16(5): 1051-1057.

[18] GREGORY M, HEINE F, KÄMPFNER H, et al.Coherent inter-satellite and satellite-ground laser links[C].Proceedings of SPIE, 2011: 792303.

[19] TOYOSHIMA M, TAKIZAWA K, KURI T, et al.Ground-to-OICETS laser communication experiments[C].Proceedings of SPIE, 2006: 63040B.

［20］ JONO T, TAKAYAMA Y, SHIRATAMA K, et al.Overview of the inter-orbit and the orbit-to-ground laser communication demonstration by OICETS［C］. Proceedings of SPIE, 2007: 645702.

［21］ TAKAYAMA Y, JONO T, TOYOSHIMA M, et al.Tracking and pointing characteristics of OICETS optical terminal in communication demonstrations with ground stations［C］.Proceedings of SPIE, 2007: 645707.

［22］ BOROSON D M, ROBINSON B S.The lunar laser communication demonstration: NASA's first step toward very high data rate support of science and exploration missions［J］.Space science reviews, 2014, 185(1): 115-128.

［23］ BOROSON D M, ROBINSON B S, MURPHY D V, et al.Overview and results of the lunar laser communication demonstration［C］.Proceedings of SPIE, 2014: 89710S.

［24］ GREIN M E, KERMAN A J, DAULER E A, et al.An optical receiver for the lunar laser communication demonstration based on photon-counting superconducting nanowires［C］.Proceedings of SPIE, 2015: 949208.

［25］ KHATRI F I, ROBINSON B S, SEMPRUCCI M D, et al.Lunar laser communication demonstration operations architecture［J］. Acta astronautica, 2015, 111: 77-83.

［26］ 郭丽红, 张靓, 杜中伟, 等.NASA 月球激光通信演示验证试验［J］.飞行器测控学报, 2015, 34(1): 87-94.

［27］ STEVENS M L, PARENTI R R, WILLIS M M, et al.The lunar laser communication demonstration time-of-flight measurement system: overview, on-orbit performance and ranging analysis［C］.Proceedings of SPIE, 2016: 973908.

［28］ ARNOLD F, MOSBERGER M, WIDMER J, et al.Ground receiver unit for optical communication between LADEE spacecraft and ESA ground station ［C］.Proceedings of SPIE, 2014: 89710M.

［29］ BISWAS A, KOVALIK J M, WRIGHT M W, et al.LLCD operations using the optical communications telescope laboratory(OCTL)［C］.Proceedings of SPIE, 2014: 89710X.

［30］ MURPHY D V, KANSKY J E, GREIN M E, et al.LLCD operations using the lunar lasercom ground terminal[C].Proceedings of SPIE, 2014: 89710V.

[31] SODNIK Z, SMIT H, SANS M, et al.LLCD operations using the lunar laser-com OGS terminal[C].Proceedings of SPIE, 2014: 89710W.

[32] WEATHERWAX M S, DOYLE K B.Vibration analysis and testing for the LLST optical module[C].Proceedings of SPIE, 2014: 91920Q.

[33] LANGE R, SMUTNY B.BPSK laser communication terminals to be verified in space[C].IEEE Military Communications Conference, 2004: 441-444.

[34] GNAUCK A H, WINZER P J.Optical phase-shift-keyed transmission[J]. Journal of lightwave technology, 2005, 23(1): 115-130.

[35] 佟首峰, 姜会林, 张立中.高速率空间激光通信系统及其应用[J].红外与激光工程, 2010, 39(4): 649-654.

[36] KYRAZIS D T, WISSLER J B, KEATING D D, et al.Measurement of optical turbulence in the upper troposphere and lower stratosphere[C].Proceedings of SPIE, 1994: 43-55.

[37] BELEN'KII M S, KARIS S J, BROWN J M, et al.Experimental study of the effect of Non-Kolmogorov stratospheric turbulence on star image motion[C]. Proceedings of SPIE, 1997: 113-123.

[38] BELEN'KII M S, KARIS S J, OSMON C L, et al.Experimental evidence of the effects of Non-Kolmogorov turbulence and anisotropy of turbulence[C]. Proceedings of SPIE, 1999: 50-51.

[39] RAO C, JIANG W, LING N.Measuring the power-law exponent of an atmo-spheric turbulence phase power spectrum with a shack-hartmann wave-front sensor[J].Optics letters, 1999, 24(15): 1008-1010.

[40] RAO C, JIANG W, LING N.Atmospheric characterization with shack-hart-mann wavefront sensors for Non-Kolmogorov turbulence[J].Optical engineer-ing, 2002, 41(2): 534-541.

[41] BELEN'KII M S, CUELLAR E, HUGHES K A, et al.Experimental study of spatial structure of turbulence at Maui space surveillance site(MSSS)[C]. Proceedings of SPIE, 2006: 63040U.

[42] ZILBERMAN A, GOBRAIKH E, KOPEIKA N S.Lidar studies of aerosols and Non-Kolmogorov turbulence in the Mediterranean troposphere[C].Proceedings of SPIE, 2005: 598702.

[43] WANG G.A new random-phase-screen time series simulation algorithm for dynamically atmospheric turbulence wave-front generator[C].Proceedings of SPIE, 2006: 602716.

[44] ZILBERMAN A, GOLBRALKH E, KOPTIKA N S, et al.Lidar study of aerosol turbulence characteristics in the troposphere: Kolmogorov and Non-Kolmogorov turbulence[J].Atmospheric research, 2008, 88(1): 66-77.

[45] GLADYSZ S, STEIN K, SUCHER E, et al.Measuring Non-Kolmogorov turbulence[C].Proceedings of SPIE, 2013: 889013.

[46] PROCACCIA I, CONSTANTIN P.Non-Kolmogorov scaling exponents and the geometry of high Reynolds number turbulence[J].Physical review letters, 1993, 70(22): 3416-3419.

[47] BELAND R R.Some aspects of propagation through weak isotropic Non-Kolmogorov turbulence[C].Proceedings of SPIE, 1995: 6-16.

[48] ELPERIN T, KLEEORIN N, ROGACHEVSKII I.Isotropic and anisotropic spectra of passive scalar fluctuations in turbulent fluid flow[J].Physical review E, 1996, 53(4): 3431-3441.

[49] KHRENEENIKOV A.Non-Kolmogorov probability models and modified bell's inequality[J].Journal of mathematical physics, 2000, 41(4): 1768-1777.

[50] GOLBRAIKH E, KOPEIKA N S.Behavior of structure function of refraction coefficients in different turbulent fields[J].Applied optics, 2004, 43(33): 6151-6156.

[51] SANDUSKY J V, JEGANATHAN M, ORTIZ G, et al.Overview of the preliminary design of the optical communication demonstration and high-rate link facility[C].Proceedings of SPIE, 1999: 185-191.

[52] BISWAS A, WRIGHT M W, SANII B, et al.45 km horizontal path optical link demonstrations[C].Proceedings of SPIE, 2001: 60-71.

[53] BISWAS A, PAGE N, NEAL J, et al.Airborne optical communications dem-

onstrator design and preflight test results[C].Proceedings of SPIE, 2005:
205-216.

[54] KIM I, KOREVAAR E J, HAKAKHA H, et al.Horizontal-link performance
of the STRV-2 lasercom experiment ground terminals[C].Proceedings of
SPIE, 1999: 11-22.

[55] KIM I, RILEY B, WONG N M, et al.Lessons learned from the STRV-2
satellite-to-ground lasercom experiment[C].Proceedings of SPIE, 2001: 1-15.

[56] 宋婷婷，马晶，谭立英，等.美国月球激光通信演示验证:实验设计和后
续发展[J].激光与光电子学进展, 2014, 51(4): 24-31.

[57] CORNWELL D M.NASA's optical communications program for 2017 and be-
yond[C].IEEE International Conference on Space Optical Systems and Ap-
plications, 2017: 10-14.

[58] SODNIK Z, LUTZ H, FURCH B, et al.Optical satellite communications in
Europe[C].Proceedings of SPIE, 2010: 758705.

[59] FLETCHER G D, HICKS T R, LAURENT B.The SILEX optical interorbit
link experiment[J].Electronics & communication engineering journal, 1991,
3(6): 273-279.

[60] OPPENHAUSER G, WITTIG M E, POPESCU A F.European SILEX project
and other advanced concepts for optical space communications[C].Proceed-
ings of SPIE, 1991: 2-13.

[61] COMERON A, RUBIO J A, BELMONTE A, et al.Propagation experiments
in the near-infrared along a 150 km path and from stars in the Canarina ar-
chipelago[C].Proceedings of SPIE, 2002: 78-90.

[62] TOLKER-NIELSEN T, OPPENHAEUSER G.In orbit test result of an opera-
tional optical intersatellite link between ARTEMIS and SPOT4, SILEX[C].
Proceedings of SPIE, 2002: 1-15.

[63] REYES M, SODNIK Z, LOPEZ P, et al.Preliminary results of the in-orbit
test of ARTEMIS with the optical ground station[C].Proceedings of SPIE,
2002: 38-49.

[64] ROMBA J, SODNIK Z, REYES M, et al.ESA's bidirectional space-to-

ground laser communication experiments[C].Proceedings of SPIE, 2004: 287-298.

[65] SEEL S, TROENDLE D, HEINE F, et al.Alphasat laser terminal commissioning status aiming to demonstrate Geo-relay for sentinel SAR and optical sensor data[C].IEEE Geoscience and Remote Sensing Symposium, 2014: 100-101.

[66] HEINE F, MÜHLNIKEL G, ZECH H, et al.The European data relay system, high speed laser based data links[C]//7th Advanced Satellite Multimedia Systems Conference and the 13th Signal Processing for Space Communications Workshop(ASMS/SPSC), 2014: 284-286.

[67] HEINE F, MÜHLNIKEL G, ZECH H, et al.LCT for the European data relay system: in orbit commissioning of the Alphasat and Sentinel 1A LCTs[C]. Proceedings of SPIE, 2015: 93540G.

[68] ARUGA T, ARAKI K, IGARASHI T, et al.Earth-to-space laser beam bransmission for spacecraft attitude measurement[J].Applied optics, 1984, 23 (1): 143.

[69] ARUGA T, ARAKI K, HAYASHI R, et al.Earth-to-geosynchronous satellite laser beam transmission[J].Applied optics, 1985, 24(1): 53-56.

[70] KAMATU K, KANDA S, HIRAKO K, et al.Laser beam acquisition and tracking system for ETS-VI laser communication equipment(LCE)[C].Proceedings of SPIE, 1990: 96-107.

[71] ARAKI K, ARIMOTO Y, SHIKATANI M, et al.Performance evaluation of laser communication equipment onboard the ETS-VI satellite[C].Proceedings of SPIE, 1996: 52-59.

[72] TOYODA M, TOYOSHIMA M, TAKAHASHI T, et al.Ground-to-ETS-VI narrow laser beam transmission[C].Proceedings of SPIE, 1996: 71-80.

[73] WILSON K E, LESH J R, ARAKI K, et al.Preliminary results of the ground/orbiter lasercom demonstration experiment between table mountain and the ETS-VI satellite[C].Proceedings of SPIE, 1996: 121-132.

[74] ARAKI K, TOYOSHIMA M, TAKAHASHI T, et al. Experimental operations of laser communication equipment onboard ETS-VI satellite[C]. Proceedings of SPIE, 1997: 264-275.

[75] TOYOSHIMA M, YAMAKAWA S, YAMAWAKI T, et al. Ground-to-satellite optical link tests between Japanese laser communications terminal and European geostationary satellite ARTEMIS[C]. Proceedings of SPIE, 2004: 1-15.

[76] TOYOSHIMA M, YAMAKAWA S, YAMAWAKI T, et al. Long-term statistics of laser beam propagation in an optical ground-to-geostationary satellite communications link[J]. IEEE transactions on antennas and propagation, 2005, 53(2): 842-850.

[77] DU W, TAN L, MA J, et al. Temporal-frequency spectra for optical wave propagating through Non-Kolmogorov turbulence[J]. Optics express, 2010, 18(6): 5763-5775.

[78] TAN L, LIU Y, MA J. Analysis of queuing delay in optical space network on LEO satellite constellations[J]. Optik, 2014, 125(3): 1154-1157.

[79] TAN L, ZHAI C, YU S, et al. Fiber-coupling efficiency for optical wave propagating through Non-Kolmogorov turbulence[J]. Optics communications, 2014, 331: 291-296.

[80] WANG Q, MA J, TAN L, et al. Quick topological method for acquiring the beacon in inter-satellite laser communications[J]. Applied optics, 2014, 53(33): 7863-7867.

[81] WANG Q, MA J, TAN L, et al. An approach to remove the background light based on linearly polarized light in the inter-satellite optical communications[J]. Optik, 2014, 125(20): 6215-6218.

[82] LI M, TAN L, MA J, et al. Performance analysis of a free-space laser communication system with a Gaussian schell model[J]. Journal of modern optics, 2015, 62(19): 1608-1615.

[83] TAN L, LI M, WU J, et al. Fiber-coupling efficiency simulation of Gaussian schell model laser in space-to-ground optical communication link[J]. Optics

communications, 2015, 349: 112-119.

[84] TAN L, LI M, YANG Q, et al. Fiber-coupling efficiency of Gaussian schell model for optical communication through atmospheric turbulence[J]. Applied optics, 2015, 54(9): 2318-2325.

[85] TAN L, ZHAI C, YU S, et al. Temporal power spectrum of irradiance fluctuations for a Gaussian-beam wave propagating through Non-Kolmogorov turbulence[J]. Optics express, 2015, 23(9): 11250-11263.

[86] ZHAI C, TAN L, YU S, et al. Fiber coupling efficiency in Non-Kolmogorov satellite links[J]. Optics communications, 2015, 336: 93-97.

[87] ZHAI C, TAN L, YU S, et al. Fiber coupling efficiency for a Gaussian-beam wave propagating through Non-Kolmogorov turbulence[J]. Optics express, 2015, 23(12): 15242-15255.

[88] LI K, MA J, BELMONTE A, et al. Performance analysis of satellite-to-ground downlink optical communications with spatial diversity over gamma-gamma atmospheric turbulence[J]. Optical engineering, 2015, 54(12): 9.

[89] LI M, TAN L, YANG Q, et al. Effect of partially coherent laser source on the performance of fiber-coupling DPSK receiver for optical communication[J]. Optics communications, 2015, 350: 135-143.

[90] MA J, LI K, TAN L, et al. Performance analysis of satellite-to-ground downlink coherent optical communications with spatial diversity over gamma-gamma atmospheric turbulence[J]. Applied optics, 2015, 54(25): 7575-7585.

[91] YU S, WU F, TAN L, et al. Research on the standards of indicators associated with maintain time in bidirectional beam tracking in inter-satellites optical communication links[J]. Optics express, 2015, 23(21): 27618-27626.

[92] LI K, MA J, TAN L, et al. Performance analysis of fiber-based free-space optical communications with coherent detection spatial diversity[J]. Applied optics, 2016, 55(17): 4649-4656.

[93] LI M, TAN L, MA J, et al. Statistical distribution of the optical intensity obtained using a Gaussian schell model for space-to-ground link laser communications[J]. Journal of modern optics, 2016, 63(10): 921-931.

[94] MA J, LI K, TAN L, et al. Exact error rate analysis of free-space optical communications with spatial diversity over gamma-gamma atmospheric turbulence[J]. Journal of modern optics, 2016, 63(3): 252-260.

[95] YUAN L, RAN Q, ZHAO T, et al. The weighted gyrator transform with its properties and applications[J]. Optics communications, 2016, 359: 53-60.

[96] LI F, LI Z, TAN L, et al. Radiation effects on GaAs/AlGaAs core/shell ensemble nanowires and nanowire infrared photodetectors[J]. Nanotechnology, 2017, 28(12): 125702-1-125702-9.

[97] MA J, WU J, TAN L, et al. Polarization properties of Gaussian-schell model beams propagating in a space-to-ground optical communication downlink[J]. Applied optics, 2017, 56(6): 1781-1787.

[98] WANG Q, LIU Y, CHEN Y, et al. Precise locating approach of the beacon based on gray gradient segmentation interpolation in satellite optical communications[J]. Applied optics, 2017, 56(7): 1826-1832.

[99] YU S, WU F, TAN L, et al. Static position errors correction on the satellite optical communication terminal[J]. Optical engineering, 2017, 56(2): 1-6.

[100] YU S, WU F, WANG Q, et al. Theoretical analysis and experimental study of constraint boundary conditions for acquiring the beacon in satellite-ground laser communications[J]. Optics communications, 2017, 402: 585-592.

[101] TAN L, LI F, XIE X, et al. Study on irradiation-induced defects in GaAs/AlGaAs core-shell nanowires via photoluminescence technique[J]. Chinese physics B, 2017, 26(8): 328-332.

[102] TAN L, LI F, XIE X, et al. Proton radiation effect on GaAs/AlGaAs core-shell ensemble nanowires photo-detector[J]. Chinese physics B, 2017, 26(8): 086202.

[103] WANG Q, TONG L, YU S, et al. Accurate beacon positioning method for satellite-to-ground optical communication[J]. Optics express, 2017, 25(25): 30996-31005.

[104] FU Y, MA J, TAN L, et al. Channel correlation and BER performance analysis of coherent optical communication systems with receive diversity over

moderate-to-strong Non-Kolmogorov turbulence[J].Applied optics, 2018, 57(11): 2890-2899.

[105] LI F, XIE X, GAO Q, et al.Enhancement of radiation tolerance in GaAs/ AlGaAs core-shell and InP nanowires[J].Nanotechnology, 2018, 29(22): 225703.

[106] MA J, FU Y, TAN L, et al.Channel correlation of free space optical communication systems with receiver diversity in Non-Kolmogorov atmospheric turbulence[J].Journal of modern optics, 2018, 65(9): 1063-1071.

[107] MA J, FU Y, YU S, et al.Further analysis of scintillation index for a laser beam propagating through moderate-to-strong Non-Kolmogorov turbulence based on generalized effective atmospheric spectral model[J].Chinese physics B, 2018, 27(3): 034201-1-034201-9.

[108] RAN Q, WANG L, MA J, et al.A quantum color image encryption scheme based on coupled hyper-chaotic lorenz system with three impulse injections [J].Quantum information processing, 2018, 17(8): 188.

[109] 罗彤, 胡渝, 李贤, 等.星间光链路(OISLs)中捕获系统分析及仿真[J]. 应用光学, 2002, 23(1): 5-8.

[110] 李晓峰, 胡渝.空-地激光通信链路总体设计思路及重要概念研究[J]. 应用光学, 2005, 26(6): 57-62.

[111] 郭建中, 谭莹, 艾勇.卫星光通信中的调制技术研究[J].光通信技术, 2006, 30(4): 45-46.

[112] 曹阳, 艾勇, 黎明, 等.空间光通信精跟踪系统地面模拟实验[J].光电子·激光, 2009, 20(1): 40-43.

[113] 于林韬, 宋路, 韩成, 等.空地激光通信链路功率与通信性能分析与仿真[J].光子学报, 2013, 42(5): 543-547.

[114] 张桐, 佟首峰.准直失配对空间相干激光通信混频效率的影响[J].长春理工大学学报(自然科学版), 2013, 36(1): 13-15.

[115] 郑阳, 姜会林, 佟首峰, 等.基于相干激光通信空间光混频器数学模型的建立[J].光学学报, 2013, 33(7): 149-154.

[116] 吕春雷.相干探测在激光通信系统中的应用[J].硅谷, 2014, 7(21):

101-102.

[117] 王建民，汤俊雄，孙东喜，等.卫星激光通信均匀信标光的研究[J].光学学报，2006，26(1)：7-10.

[118] 张诚，胡薇薇，徐安士.星地光通信发展状况与趋势[J].中兴通讯技术，2006，12(2)：52-56.

[119] TATARSKII V I.Wave propagation in a turbulent medium[M].London：McGraw-Hill Press，1961.

[120] MONIN A S, YAGLOM A M.Statistical fliud mechanics[M].Cambridge MA：MIT Press，1975.

[121] FRISCH U.Turbulence[M].Cambridge：Cambridge University Press，1995.

[122] 饶瑞中.光在湍流大气中的传播[M].合肥：安徽科学技术出版社，2005.

[123] STRIBLING B E, WELSH B M, ROGGEMANN M C.Optical propagation in Non-Kolmogorov atmospheric turbulence[C].Proceedings of SPIE，1995：181-196.

[124] BOREMAN G D, DAINTY C.Zernike expansions for Non-Kolmogorov turbulence[J].Journal of the optical society of America A，1996，13(3)：517-522.

[125] RAO C, JIANG W, LING N.Spatial and temporal characterization of phase fluctuations in Non-Kolmogorov atmospheric turbulence[J].Journal of modern optics，2000，47(6)：1111-1126.

[126] TOSELLI I, ANDREWS L C, PHILLIPS R L, et al.Angle of arrival fluctuations for free space laser beam propagation through Non-Kolmogorov turbulence[C].Proceedings of SPIE，2007：65510E.

[127] CHEN C, YANG H, LOU Y, et al.Temporal broadening of optical pulses propagating through Non-Kolmogorov turbulence[J].Optics express，2012，20(7)：7749-7757.

[128] BAYKAL Y.Scintillations of higher-order laser beams in Non-Kolmogorov medium[J].Optics letters，2014，39(7)：2160-2163.

[129] KOTIANG S, CHOI J.Wave structure function and long-exposure MTF for laser beam propagation through Non-Kolmogorov turbulence[J].Optics and

laser technology, 2015, 74: 87-92.

[130] RUILIER C.A study of degraded light coupling into single-mode fibers[C]. Proceedings of SPIE, 1998: 319-329.

[131] DIKMELIK Y, DAVIDSON F M.Fiber-coupling efficiency for free-space optical communication through atmospheric turbulence [J]. Applied optics, 2005, 44(23): 4946-4952.

[132] ABTAHI M, LEMIEUX P, MATHLOUTHI W, et al.Suppression of turbulence-induced scintillation in free-space optical communication systems using saturated optical amplifiers[J].Journal of lightwave technology, 2006, 24(12): 4966-4973.

[133] WU H, YAN H, LI X.Modal correction for fiber-coupling efficiency in free-space optical communication systems through atmospheric turbulence [J]. Optik, 2010, 121: 1789-1793.

[134] CHEN C, YANG H, WANG H, et al.Coupling plane wave received by an annular aperture into a single-mode fiber in the presence of atmospheric turbulence[J].Applied optics, 2011, 50(3): 307-312.

[135] ARIMOTO Y.Operational condition for direct single-mode-fiber coupled free-space optical terminal under strong atmospheric turbulence[J].Optical engineering, 2012, 51(3): 031203.

[136] MA J, MA L, YANG Q, et al.Statistical model of the efficiency for spatial light coupling into a single-mode fiber in the presence of atmospheric turbulence[J].Applied optics, 2015, 54(31): 9287-9293.

[137] ANDREWS L C, PHILLIPS R L.Laser beam propagation through random media[M].Bellingham:SPIE Press, 2005.

[138] TOSELLI I, ANDREWS L C, PHILLIPS R L, et al.Free-space optical system performance for laser beam propagation through Non-Kolmogorov turbulence[J].Optical engineering, 2008, 47(2): 026003.

[139] WINZER P J, LEEB W R.Fiber coupling efficiency for random light and its applications to lidar[J].Optics letters, 1998, 23(13): 986-988.

[140] BAYKAL Y.Coherence length in Non-Kolmogorov satellite links[J].Optics

communications, 2013, 308: 105-108.

[141]　ANDREWS L C, MILLER W B, RICKLIN J C. Spatial coherence of a Gaussian-beam wave in weak and strong optical turbulence[J]. Journal of the optical society of America A, 1994, 11(5): 1653-1660.

[142]　YURA H T, HANSON S G. Second-order statistics for wave propagation through complex optical systems[J]. Journal of the optical society of America A, 1989, 6(4): 564-575.

[143]　ANDREWS L C, MILLER W B. Single-pass and double-pass propagation through complex paraxial optical systems[J]. Journal of the optical society of America A, 1995, 12(1): 137-150.

[144]　ANDREWS L C, PHILLIPS R L, WEEKS A R. Propagation of a Gaussian-beam wave through a random phase screen[J]. Waves random media, 1997, 7(2): 229-244.

[145]　ZENG Z, LUO X, XIA A, et al. Rytov variance equivalence through extended atmospheric turbulence and an arbitrary thickness phase screen in Non-Kolmogorov turbulence[J]. Optik, 2014, 125(15): 4092-4097.

[146]　SHELTON J D. Turbulence-induced scintillation on Gaussian-beam waves: theoretical predictions and observations from a laser-illuminated satellite[J]. Journal of the optical society of America A, 1995, 12(10): 2172-2181.

[147]　TAKENAKA H, TOYOSHIMA M, TAKAYAMA Y. Experimental verification of fiber-coupling efficiency for satellite-to-ground atmospheric laser downlinks[J]. Optics express, 2012, 20(14): 15301-15308.

[148]　ANDREWS L C, PHILLIPS R L, CRABBS R, et al. Atmospheric channel characterization for ORCA testing at NTTR[C]. Proceedings of SPIE, 2010: 758809.

[149]　ZHANG Y, SHENG X, CHEN H, et al. Effects of turbulence on the orbital angular momentum entanglement of multi-Gaussian schell beam pumping [J]. Optics communications, 2013, 304: 58-61.

[150]　ZILBERMAN A, GOLBRAIKH E, KOPEIKA N S. Propagation of electromagnetic waves in Kolmogorov and Non-Kolmogorov atmospheric turbu-

lence: three-layer altitude model[J].Applied optics, 2008, 47(34): 6385-6391.

[151] TANG H, GUO P.Phase compensation in Non-Kolmogorov atmospheric turbulence[J].Optik, 2014, 125(3): 1227-1230.

[152] CAGIGAL M P, CANALES V F.Speckle statistics in partially corrected wave fronts[J].Optics letters, 1998, 23(14): 1072-1074.

[153] GOODMAN J W.Speckle phenomena in optics: theory and applications[M]. Greenwood Village: Roberts and Company Publishers, 2007.

[154] ZUO L, DANG A, REN Y, et al.Performance of phase compensated coherent free space optical communications through Non-Kolmogorov turbulence [J].Optics communications, 2011, 284: 1491-1495.

[155] SZAJOWSKI P F, NYKOLAK G, AUBORN J J, et al.2. 4 km free-space optical communication 1550 nm transmission link operating at 2. 5 Gb/s experimental results[C].Proceedings of SPIE, 1999: 29-40.

[156] NYKOLAK G, SZAJOWSKI P F, CASHION A, et al.A 40 Gb/s DWDM free space optical transmission link over 4. 4 km[C].Proceedings of SPIE, 2000: 16-20.

[157] SONG D, HURH Y, CHO J, et al.4×10 Gb/s terrestrial optical free space transmission over 1. 2 km using an EDFA preamplifier with 100 GHz channel spacing[J].Optics express, 2000, 7(8): 280-284.

[158] JEONG M C, LEE J S, KIM S Y, et al.8×10 Gb/s terrestrial optical free-space transmission over 3. 4 km using an optical repeater[J].IEEE photonics technology letters, 2003, 15(1): 171-173.

[159] 杨清波.星地下行相干激光通信系统接收性能研究[D].哈尔滨:哈尔滨工业大学, 2012.

[160] 杨晓明, 晋玉剑, 李永红.经典功率谱估计 Welch 法的 MATLAB 仿真分析[J].电子测试, 2011, 7: 101-104.

[161] BAYKAL Y, GERCEKCIOGLU H.Equivalence of structure constants in Non-Kolmogorov and Kolmogorov spectra[J].Optics letters, 2011, 36(23): 4554-4556.

［162］ TUNICK A.Statistical analysis of measured free-space laser signal intensity over a 2. 33 km optical path［J］.Optics express, 2007, 15（21）: 14115-14122.

［163］ JIANG Y, MA J, TAN L, et al.Measurement of optical intensity fluctuation over an 11. 8 km turbulent path［J］.Optics express, 2008, 16（10）: 6963-6973.

［164］ QI J, SONG L, NI X, et al.Measurement of optical intensity fluctuation over a real atmospheric turbulent path［C］.International Conference on Optoelectronics and Microelectronics, 2015: 138-141.

［165］ 吴晓军, 王红星, 宋博, 等.不同环境下光强起伏测量与传输特性研究［J］.光电子·激光, 2015, 26（6）: 1138-1145.